Russische Errungenschaften in der Physiologie der Verdauung

Dmitry A. Balalykin

Russische Errungenschaften in der Physiologie der Verdauung

Vom späten 19. bis zum beginnenden 20. Jahrhundert

Dmitry A. Balalykin
McLean, VA, USA

ISBN 978-3-662-62043-4   ISBN 978-3-662-62044-1 (eBook)
https://doi.org/10.1007/978-3-662-62044-1

Die Deutsche Nationalbibliothek verzeichnet diese Publikation in der Deutschen Nationalbibliografie; detaillierte bibliografische Daten sind im Internet über http://dnb.d-nb.de abrufbar.

© Der/die Herausgeber bzw. der/die Autor(en) 2021. Dieses Buch ist eine Open-Access-Publikation.
Open Access Dieses Buch wird unter der Creative Commons Namensnennung 4.0 International Lizenz (http://creativecommons.org/licenses/by/4.0/deed.de) veröffentlicht, welche die Nutzung, Vervielfältigung, Bearbeitung, Verbreitung und Wiedergabe in jeglichem Medium und Format erlaubt, sofern Sie den/die ursprünglichen Autor(en) und die Quelle ordnungsgemäß nennen, einen Link zur Creative Commons Lizenz beifügen und angeben, ob Änderungen vorgenommen wurden.
Die in diesem Buch enthaltenen Bilder und sonstiges Drittmaterial unterliegen ebenfalls der genannten Creative Commons Lizenz, sofern sich aus der Abbildungslegende nichts anderes ergibt. Sofern das betreffende Material nicht unter der genannten Creative Commons Lizenz steht und die betreffende Handlung nicht nach gesetzlichen Vorschriften erlaubt ist, ist für die oben aufgeführten Weiterverwendungen des Materials die Einwilligung des jeweiligen Rechteinhabers einzuholen.
Die Wiedergabe von allgemein beschreibenden Bezeichnungen, Marken, Unternehmensnamen etc. in diesem Werk bedeutet nicht, dass diese frei durch jedermann benutzt werden dürfen. Die Berechtigung zur Benutzung unterliegt, auch ohne gesonderten Hinweis hierzu, den Regeln des Markenrechts. Die Rechte des jeweiligen Zeicheninhabers sind zu beachten.
Der Verlag, die Autoren und die Herausgeber gehen davon aus, dass die Angaben und Informationen in diesem Werk zum Zeitpunkt der Veröffentlichung vollständig und korrekt sind. Weder der Verlag noch die Autoren oder die Herausgeber übernehmen, ausdrücklich oder implizit, Gewähr für den Inhalt des Werkes, etwaige Fehler oder Äußerungen. Der Verlag bleibt im Hinblick auf geografische Zuordnungen und Gebietsbezeichnungen in veröffentlichten Karten und Institutionsadressen neutral.

Planung/Lektorat: Renate Scheddin
Springer ist ein Imprint der eingetragenen Gesellschaft Springer-Verlag GmbH, DE und ist ein Teil von Springer Nature.
Die Anschrift der Gesellschaft ist: Heidelberger Platz 3, 14197 Berlin, Germany

Einleitung

Die Geschichte der Magenchirurgiebeinhaltet noch viele offene Fragen. Besonders unzureichend sind ihre Grundlagen, die Umstände ihrer Ausgliederung in eine selbständige klinische Fachrichtung sowie die Herausbildung ihrer Methoden untersucht. Von hoher Bedeutung ist zudem die Rekonstruktion der russischen Vorrangstellung auf diesem Gebiet, ebenso wie die Analyse der Ursachen von Misserfolgen und Irrtümern in den verschiedenen Entwicklungsetappen dieser Disziplin.

Die Literatur, die den klinischen Aspekten der Magenchirurgie gewidmet ist, enthält zwar historische Abrisse. Die meisten aber sind reich an Tatsachenirrtümern. Beispielsweise enthält keine der uns bekannten Monografien eine vollständige Analyse der russischen Vorrangstellung, namentlich was die Bedeutung der Physiologenschule um 1900 betrifft. Diese Kenntnis ist aber für die Einschätzung der globalen Bedeutung der russischen Forschung außerordentlich wichtig. Insgesamt muss man konstatieren, dass die Besonderheiten der russischen Ulkuschirurgie und ihr Beitrag zur Medizin weltweit ungenügend erforscht sind und dies ein betrübliches Vergessen der russischen Forschungsleistungen nach sich gezogen hat.

Es fehlt zudem am systematischen Charakter der historischen Übersichten. Man erkennt keine allgemeinen Tendenzen der Entwicklung, es fehlt sogar an Versuchen der Periodisierung.

Die Magenchirurgie ist ein großer Teilbereich der allgemeinen Chirurgie. Die medizinhistorische Erforschung der Magenchirurgie wird durch einen Mangel an systematischen Arbeiten, die den ganzen Entwicklungszeitraum dieser Sparte der operativen Medizin umfassen, geprägt. Unklar bleibt bislang auch ihre Herausbildung als Spezialfach. Es fehlte eine vollständige, die mehr Geschichte der Magenchirurgie in Russland beschreibende Studie, die von einer Analyse der theoretischen und methodischen Grundlagen geprägt ist. Unsere Monografie *„Die Geschichte der*

Entwicklung der Magenchirurgie in Russland im 19. und 20. Jahrhundert" enthält den ersten Versuch einer solchen Rekonstruktion und Periodisierung.¹

Das Thema dieses Buches ist durch die Bedeutung der Magenchirurgie als Sparte der klinischen Medizin begründet. Zudem handelt es sich um eine Disziplin, deren Entwicklung in bedeutendem Maße die russische Medizin geprägt hat; auch dies ist ungenügend erforscht. In unzureichendem Maße sind auch, wie eingangs festgestellt, die Besonderheiten bei der Entwicklung der russischen Magengeschwürchirurgie sowie ihr Beitrag für die Medizin weltweit untersucht.

Es ist hervorzuheben, dass der Anteil medizinhistorischer Untersuchungen zur Magenchirurgie in keinem Verhältnis zu der Aufmerksamkeit steht, die die Chirurgen selbst diesem Gebiet der Medizingeschichte widmen. Deutlich wird dies auf Tagungen russischer Chirurgen, bei denen die Magenchirurgie häufiger als andere Bereiche des Faches historisch betrachtet wird.

Zweck des vorliegenden Buchs ist es daher, die äußerst hohe Bedeutung der Werke russischer Wissenschaftler aus der Zeit um 1900 für die Entwicklung der Magenchirurgie darzustellen. Dabei wird deren Rolle als Teil der klinischen Chirurgie und der gesamten Medizin ausdrücklich betont.

Die Semiotik der chirurgisch zu behandelnden Magenerkrankungen ist sehr umfassend. Dies verursacht möglicherweise eine gewisse Regellosigkeit, die sich in der Literatur zu ihrer Geschichte deutlich auswirkt. Die Schlüsselfrage jeder Untersuchung aber ist ihre Methodik. Wir gehen von der Auffassung aus, dass die Entwicklung der Forschungsmethoden hinsichtlich der Magenfunktionen sowie die Entwicklung operativer Verfahren und ihrer Wechselwirkungen die historischen Schwerpunkte der Magenchirurgie darstellen. Gerade in der Untersuchung der Interdependenzen von physiologischem Experiment und klinischer Praxis liegt unseres Erachtens der Schlüssel zur Systematisierung und Periodisierung der Geschichte der Magenchirurgie. Die Entwicklung der grundlegenden operativen Methoden, die ihre Anwendung in der Magenchirurgie finden, war durch die Aufmerksamkeit der Chirurgen für die beiden Hauptpathologien – das Magen- und das Zwölffingerdarmgeschwür sowie den Magenkrebs – geprägt. Als die wesentlichen operativen Verfahren begründet wurden, stießen die Chirurgen besonders häufig auf diese Erkrankungen. Andere, seltener vorkommende Leiden (Polypose, Malory-Weiss-Syndrom u. a.), die der chirurgischen Behandlung bedürfen, haben nicht die Methodendiskussion in der Magenchirurgie bestimmt. Vorzugsweise das Interesse am Magengeschwürund am Magenkarzinomregte grundlegende Forschungen auf dem Gebiet von Pathologie und Physiologie des Verdauungssystems an. Um 1900 zeichnete sich der Sinn eines chirurgischen Eingriffs bei diesen beiden Krankheiten ab. Es gab zwei Kardinalverfahren in der damaligen Magenchirurgie: die Magenresektion (in verschiedenen Modifikationen) und die Anlage

---

¹Balalykin, D. A., *Die Geschichte der Entwicklung der Magenchirurgie in Russland im 19. und 20. Jahrhundert.* Moskau, 2005.

einer Magen-Darm-Anastomose (in vielerlei Varianten und Verbindungen). Besondere Akzente wurden – mit Aufkommen der pathogenetisch begründeten Behandlung von Magenerkrankungen – in den 1920er und 1930er Jahren gesetzt. Damals fasste man zum ersten Mal in der Geschichte die wissenschaftliche Diskussion im Rahmen des pathogenetischen Prinzips folgendermaßen zusammen: Im frühen Magenkrebsstadium, wenn die Heilung des Patienten noch möglich ist, findet ein aktives chirurgisches Vorgehen mit einer radikalen Operation – der Magenresektion (oder Gastrektomie) – Anwendung. Im Endstadium, wenn eine Operation einen palliativen Charakter hat, wird eine Magen-Darm-Anastomose durchgeführt. Beim Magengeschwür wird die pathogenetisch begründete Magenresektion zu einer Wahlmethode; die Magen-Darm-Anastomose wird hingegen vorgenommen, wenn eine radikale chirurgische Behandlung nicht mehr infrage kommt. Weitere theoretische und klinische Untersuchungen rückten Grundsätze der Kombinationstherapie onkologischer Erkrankungen in den Vordergrund und bereits gegen Ende der 1920er Jahre entwickelte sich Behandlung des Magenkarzinoms zum Gegenstand einer wissenschaftlichen und klinischen Sonderdisziplin – der Onkologie.

Die Magenchirurgie ist das Gebiet der Medizin, auf dem klinische Praxis und physiologisches Experiment unmittelbar und am engsten gekoppelt sind, sich gegenseitig ergänzen und bereichern. Die ganze Entwicklungsgeschichte der Magenchirurgie kann als eine Diskussion zwischen zwei Ansätzen hinsichtlich der Grundsätze der Behandlung gastroenterologischer Erkrankungen verstanden werden. Einen davon nennen wir „operativ", den anderen „physiologisch". Bereits am Ende des 19. Jahrhunderts wurden die wesentlichen Methoden operativer Mageneingriffe entwickelt, die ihre Anwendung in verschiedenen Modifikationen bis auf den heutigen Tag finden. Eine ziemlich klare Vorstellung von den physiologischen Mechanismen der Magen- und Zwölffingerdarmfunktion entstand zu Beginn des 20. Jahrhunderts. Sie war vor allem mit den Werken der Physiologen russischer Schule verbunden. Die Logik des „operativen" Ansatzes ist durch topographisch-anatomische Erwägungen geprägt, ist vorrangig auf die Beseitigung (Resektion) der Quelle der akuten Erkrankung gerichtet und häufig verbunden mit „verkrüppelnden" Folgeerscheinungen für den Patienten. Die Logik des „funktionellen" Ansatzes bezweckt die maximale Wiederherstellung der Magenfunktion, idealerweise im Funktionsumfang eines gesunden Organs. Die Durchsetzung eines solchen Ansatzes ist ohne das Verständnis der Grundlagen der Verdauung sowie ohne die Erarbeitung der Grundsätze einer „physiologischen Korrektur" unmöglich. Indem der Chirurg nicht nur die Rettung des Lebens des Kranken, sondern auch eine hohe Lebensqualität des Patienten nach der Operation anstrebt, schafft er neue Bedingungen für das Funktionieren des ganzen Verdauungssystems sowie seiner einzelnen Organe. Alles dies ist nur möglich in Kenntnis der Gesetze der Verdauungsfunktion unter Normalbedingungen, die Gegenstand des physiologischen Experiments ist.

Das eigentliche Wesen des Heilberufs besteht in der Nichteinmischung in die Lebensfunktion des Organismus – außer zum Zwecke von dessen Behandlung. Während der Chirurg den Kranken operiert, schafft er aber neue biologische Wechselbeziehungen im Verdauungssystem. Um deren Wesen zu erkennen, bedarf es der experimentellen physiologischen Begründung. Auf diese Weise bereicherten sich Magenchirurgie und experimentelle physiologische Untersuchungen des Verdauungssystems gegenseitig. „Mir scheint", schrieb I. P. Pawlow, „dass die chirurgische Methode, die ich der vivisektorischen gegenüberstelle, festeren Fuss in der Reihe der jetzt geübten Methoden fassen muss. Ich verstehe darunter die Ausübung [...] mehr oder weniger komplizierter Operationen, die den Zweck haben, entweder gewisse Organe zu entfernen, oder tief im Organismus verborgene Prozesse der Beobachtung zugänglich zu machen, diese oder jene zwischen zwei Organen bestehende Abhängigkeit zu vernichten, oder, umgekehrt, eine neue zu schaffen u.s.w. Daran muss sich dann das Vermögen anschliessen, alle zugefügten Verletzungen zu heilen und den Allgemeinzustand des Tieres, soweit es dem Wesen der Operation nach möglich ist, zur Norm zurückzuführen."[2]

Zur umfassenden Betrachtung des vor uns stehenden Problems werden wir die Werke der russischen Wissenschaftler analysieren, die einen originellen Beitrag zur Untersuchung der Funktionen des Magen-Darm-Kanals in physiologischem und pathologischem Zustand (Bassow, Pawlow, Dagajew) sowie einen Beitrag zur Untersuchung der Ätiologie und der Pathogenese des Geschwürs (A. I. Schtscherbakow) geleistet haben.

Die Vorrangstellung der russischen Wissenschaft bei der Untersuchung des physiologischen Verdauungssystems und der Entwicklung experimenteller physiologischer Grundlagen der Magenchirurgie kann nicht infrage gestellt werden. Es genügt, die Namen W. A. Bassow und I. P. Pawlow zu erwähnen.

Die bedeutendsten Quellen in Bezug auf die Historie der Methoden grundlegender Untersuchungen von Verdauungsfunktionen sind selbstverständlich die Werke von Pawlow. Die erschöpfende Kenntnis der Geschichte der von ihm untersuchten Fragen war kennzeichnend für ihn. Deswegen stellen seine Werke nicht nur eine Quelle wichtiger Informationen für den Beitrag des großen Wissenschaftlers zur Untersuchung diverser Phänomene dar, sondern ebenfalls einen Zugang zu den Ergebnissen anderer Forscher – einem Handbuch gleich.

Die revolutionäre Bedeutung von Pawlows Werken für die Magenchirurgie ist nur verständlich, wenn man sich Klarheit über seine Auffassung der Wechselbeziehung von Physiologie und praktischer Medizin verschafft. Sie stand am Anfang der neuen Rolle des physiologischen Experiments in der klinischen Praxis.

Pawlow betrachtete pathologische Prozesse als eine Lebensfunktion des Organismus, freilich als eine Störung des Normalverlaufs physiologischer Funktionen. Die Krankheit ist eine unendliche Reihe von vielen besonderen und in einem gesunden Organismus nicht vorhandenen Kombinationen physiologischer Erscheinungen. Nur derjenige, der die Funktionsgesetze eines gesunden Lebewesens kennt, kann seine Lebensfunktion bei

---

[2]Pawlow, I. P., *Die Arbeit Der Verdauungsdrüsen. Vorlesungen,* Wiesbaden, Verlag von J. F. Bergmann, 1898, S. 20.

Krankheit „ausbessern" und sie im Normalzustand erhalten. Deshalb, so Pawlow, verliert eine Medizin ohne Physiologie ihr wissenschaftliches Fundament, „wird zur Quacksalberei, nicht aber zur Geistesarbeit".

Die Physiologie sowie die anderen biologischen Wissenschaften Physik und Chemie untersuchen nicht nur konkrete Mechanismen der vitalen Funktionen eines Lebewesens, sondern stellen auch das Instrumentarium zur Verfügung, mit dessen Hilfe der Charakter biologischer Erscheinungen im Normalfall wie im pathologischen Fall beschrieben, klassifiziert und bestimmt werden kann. In diesem Sinne spielte die Physiologie in der Medizin der zweiten Hälfte des 19. Jahrhunderts eine entscheidende theoretisch-kognitive und methodische Rolle. Pawlow glaubte, dass die bis zum Ende des 19. Jahrhunderts noch nie gesehene Sammlung von mehr oder weniger präzisen klinischen Beobachtungen und experimentell nachprüfbaren Tatsachen auch deshalb zustande gekommen war, weil die normale Physiologie, die pathologische Physiologie, die Mikrobiologie und andere medizinisch-biologische Wissenschaften Leitgedanken für die Untersuchung und Kenntnis verschiedener Erscheinungsformen der Lebensfunktion des kranken Organismus entwickelt hatten.

Eine wichtige Stellung in der Erkenntnistheorie von Pawlow nimmt die Frage nach den Regeln und nach einem verbindlichen Kanon innerhalb der Physiologie und der medizinischen Praxis ein. Zur Klärung dieser Frage untersuchte und verglich er das Wesen der naturwissenschaftlichen und der klinischen Erkenntnismethoden. Die klinische Methode kennzeichnete Pawlow als eine Erscheinung, bei der die Entdeckung komplexer Sachverhalte vom Glück abhängt: Ein Kliniker sieht und erforscht das, was die Natur für ihn vorbereitet. Das naturwissenschaftliche Experiment dagegen ist eine Vorgehensweise, anhand deren der Experimentator das Untersuchungsobjekt – den kranken bzw. gesunden Organismus – zwingt, seine Geheimnisse zu verraten. Pawlow brachte, wie erwähnt, die naturwissenschaftliche Ausrichtung in der Medizin mit der Einführung der experimentellen Methode bei der Untersuchung pathologischer Erscheinungen in Verbindung.

Eine besondere Stellung in der Literatur zur Erforschung von Verdauungsfunktionen im Experiment sowie im Rahmen praxisnaher chirurgischer Eingriffe nimmt die Habilitationsschrift von W. F. Dagajew mit dem Titel *„Zur Lehre vom Verdauungschemismus nach der Teilresektion und der kompletten Entfernung des Magens"* ein.

In der von Schtscherbakow an der Kaiserlichen Moskauer Universität 1891 eingereichten Habilitationsschrift *„Über die Bedingungen der Entwicklung des runden Magengeschwürs (Ulcus ventriculi chronicum rotundum)"* wurden wesentliche Vorstellungen von den Ursachen und Entstehungsmechanismen des Magengeschwürs ausgewertet und ein ganzheitliches theoretisches Modell der Ätiologie und Pathogenese des runden Geschwürs ausgearbeitet, das in seiner Vielseitigkeit, gedanklichen Tiefe sowie der experimentellen und klinischen Stichhaltigkeit bis heute kein Analogon in der Weltliteratur gefunden hat. Die scheinbare Kenntnis später entwickelter Modelle zeugt häufig davon, dass spätere Autoren nochmals das entdecken, was von Schtscherbakow und seinen Vorgängern bereits beschrieben worden war.

Der historische Entwicklungsprozess der Magenchirurgie des 19. Jahrhunderts führte von der klinischen Beobachtung zum physiologischen Experiment und einer rationalen operativen Vorgehensweise. Allein die ständige Bereicherung der klinischen Chirurgie durch immer neue physiologische Erkenntnisse, die die Feuerprobe des Experiments bestanden haben, kann letztendlich dazu führen, dass die Chirurgie zu dem wird, was sie idealerweise sein muss: nämlich ein Instrument zur Ausbesserung eines beschädigten Mechanismus.

Es ist noch einmal hervorzuheben, dass die Entwicklung der experimentellen Magenchirurgie auf die von russischen Wissenschaftlern auf dem Gebiet der Physiologie und der Chirurgie geleistete Schwerpunktsetzung zurückzuführen ist. Auswertung und Zusammenfassung dieser Fokussierung – quasi entlang einer klar erfassbaren wissenschaftlichen Linie – bilden die Ziele der vorliegenden Monografie.

Inhaltsverzeichnis

1 **W. A. Bassow – der Begründer der chirurgischen Magenoperationslehre. Werdegang der Magenchirurgie im 19. Jahrhundert** 1

2 **I. P. Pawlow – der Begründer der experimentellen Magenchirurgie** 17
Das Wesen der experimentellen Methode und der physiologischen Chirurgie. 20
Der Grundsatz der phasenhaften Abfolge der Verdauungsprozesse und Selbstregulation der Verdauungsorgane. 28
Die Vagotomie 37
Experiment und Klinik 44

3 **W. F. Dagajew: erste experimentelle Untersuchungen der Magenresektion** 51

4 **A. I. Schtscherbakow: die erste moderne Theorie der Ätiologie und der Pathogenese von Magen- und Zwölffingerdarmgeschwüren** 65
Die Biografie von A. I. Schtscherbakow 67
Die Analyse theoretischer Modelle zur Ätiologie und Pathogenese des Magen- und Zwölffingerdarmgeschwürs in der internationalen Wissenschaft des 19. Jahrhunderts 69
A. I. Schtscherbakows Experiment zur Untersuchung von Magensekretion 81
Zur Theorie über die Entstehung und Entwicklung des Magengeschwürs von A. I. Schtscherbakow 91

Anstatt einer Zusammenfassung 105

Schriftenverzeichnis 107

Stichwortverzeichnis 115

W. A. Bassow – der Begründer der chirurgischen Magenoperationslehre. Werdegang der Magenchirurgie im 19. Jahrhundert

Wassili Alexandrowitsch Bassow (1812–1879) war Ordinarius an der Moskauer Universität. Er galt als der bekannteste und beste Chirurg und Arzt seiner Zeit, der vielfach unentgeltlich arbeitete. Nach Aussagen von L. F. Zmejew kam W. A. Bassow „einem Vorbild des Evangeliums nahe". Als erster wandte er viele verbesserte Verfahren westlicher Wissenschaft in Russland an. Bereits als Prosektor führte er in Moskau Vivisektionenein und schon zu Beginn der 1850er Jahre die erste in Moskau vorgenommene Tracheotomiebei Kehlkopftuberkulose durch, bei dem Arzt Iwanow.

Der bekannte Ausspruch *a Jove principium* („mit Jupiter anfangen") bedeutet in der Lehre der Alten, die Betrachtung einer geschichtlichen Entwicklung mit der Entdeckung oder Erfindung, die als Startpunkt einer neuen wissenschaftlichen Strömung gilt, zu beginnen. Als eine solche Erfindung in der Geschichte der experimentellen Untersuchung der Magenfunktion und der Magenchirurgie kann der von Bassow 1842 entwickelte „künstliche Weg in den Magen der Tiere" gelten – die künstliche Magenfistel. Nach der berechtigten Einschätzung von Pawlowwurde diese Erfindung zu einem „Ausgangspunkt moderner Methodik" bei der Erforschung der Magenfunktionen.

Wassili Alexandrowitsch Bassow, habilitierter Doktor der Medizin und Chirurg, wurde im Jahre 1812 geboren. 1833 absolvierte er das Studium an der Medizinischen Fakultät der Moskauer Universität; 1841 habilitierte er dort zum Doktor der Medizin mit der Schrift *„Zur Steinkrankheit der Harnblase im allgemeinen und insbesondere zur Steinentfernung durch den Dammschnitt"*. Im September 1842 legte er im Rahmen eines Hundeexperiments die weltweit erste künstliche Magenfistel in der Geschichte der Wissenschaft an. 1843 bis 1844 begab sich Bassow auf eine Dienstreise ins Ausland, nach deren Ende er zum Adjunkt und Lektor der theoretischen Chirurgie ernannt wurde. Im Jahr 1848 erschien in Sankt Petersburg sein Werk *„Zur Bedeutung der Chirurgie im Kreise der Heilwissenschaften"*. Ebenfalls seit 1848 wirkte er als außerordentlicher, seit 1852 als ordentlicher Professor der Moskauer Universität. In dieser Zeit war er als Leiter des Moskauer Militärspitals und von 1850 bis 1859 als Oberarzt des Stadtkrankenhauses tätig. Bassow führte, wie oben erwähnt, die erste Tracheotomie in Moskau durch. Nach dem Rücktritt von F. I. Inosemzew wurde er im Jahre 1859 zum Direktor der Chirurgischen Klinik der Moskauer Universität berufen, die er bis an sein Lebensende leitete.

Vor den Forschungen Bassows gab es nur wenige Arbeiten zur Magenphysiologie. Erste Studien zur exkretorischen Funktion des Magens sowie zu Eigenschaften des Magensafts hatten im 18. Jahrhundert Réaumur und Spallanzani durchgeführt. Der amerikanische Forscher Beaumont[1] beschrieb 1834 den Fall des kanadischen Jägers Martin, der am Bauch verletzt wurde. Nach dieser Verletzung wurde Martin wieder gesund, jedoch bildete sich bei ihm eine Magenfistel, aus der Beaumont Magensaft entnahm und untersuchte. Seine Beobachtungen und Untersuchungsbefunde legte er in dem 1834 erschienenen Buch *Experiments and observations on the gastric juice and the physiology of digestion* vor. Nach Bassow kann man „die Beobachtungen und Versuche von Beaumont in dem zufällig geöffneten Magen eines lebendigen Menschen als Beginn einer neuen Ära der Verdauungsforschung bezeichnen".

Der von Beaumont beschriebene Fall war Ärzten und Physiologen jener Zeit gut bekannt. Seine Beobachtungen gaben somit den Anstoß zur Erforschung der Verdauungsfunktion anhand physiologischer Methoden. Es handelte sich dabei freilich um eine klinische Kasuistik, eine einzelne und zufällige Beobachtung, deren Kern eine bloße Beschreibung von Detailphänomenen darstellt. Es ist zu betonen, dass sogar die dauerhafte Beobachtung des Patienten nicht zur Idee führte, den Einzelfall als ein mögliches experimentelles Modell des Zugangs zum Magen zu sehen. In den Jahren nach der Veröffentlichung von Bassows Arbeit und ähnlichen Beobachtungen entbrannte im Ausland eine aufgeregte Diskussion über die Erstbeschreibung. Es muss darauf hingewiesen werden, dass nicht nur Beaumont, sondern auch andere Forscher, die mit dem Fall des Patienten Martin vertraut waren, aus ihm zunächst keine weiteren Schlüsse zogen.

Die Epoche der Entdeckungen von Bassow war die Zeit des aktiven Eindringens der Naturwissenschaft in die Medizin. In diesem Sinne darf man annehmen, dass die Erfindung von Bassow zum damaligen Zeitgeist passte.

Die von ihm 1842 im Rahmen eines Experiments entwickelte Magenfistel war keine bloße Analogie zu dem von Beaumont beschriebenen klinischen Fall. Die Wissenschaft jener Zeit war zu einer solchen Entwicklung bereit; sie wartete gleichsam darauf. Dies wird durch die Tatsache bestätigt, dass der norwegische Arzt Egeberg bereits 1837 den Gedanken äußerte, dass man bei Tierexperimenten eine Fistel entwickeln könne, die der Fistel des Kranken von Beaumont ähnlich sei. Egeberg versuchte aber nicht, seine Idee zu verwirklichen.

---

[1] A. I. Schtscherbakow bezieht sich auf eine Literaturquelle, nach der ein ähnlicher Fall vom österreichischen Arzt Helm 1803 beobachtet wurde.

Wir legen besonderen Nachdruck auf Vorstehendes, um Folgendes zu betonen: Die Erfindung von Bassow war kein zufälliger glücklicher Einfall, sondern eine sinnvolle Antwort auf Bedürfnisse der Zeit. Die Geschichte der Wissenschaft lehrt, dass jede neue Idee nicht unvermittelt von einer einzelnen Person entwickelt wird, sondern das Ergebnis der Leistung mehrerer Forscher ist. Zum Erfinder und Ausgangspunkt einer neuen Entwicklung wird indes der Gelehrte, der ein Ergebnis als Erster erzielt – indem er den wissenschaftlichen Ertrag auf einem vorher gut bereiteten Boden einbringt.

Insgesamt ist die Geschichte der Chirurgie durch die Situation gekennzeichnet, dass operative Ideen, spontan umgesetzt, grundlegenden Untersuchungen der Organfunktionen vorangehen. Magenresektionen beispielsweise wurden von Chirurgen entwickelt und angewandt, ohne dass sie das Wesen der Erkrankungen voll erfassten. Gelehrsamkeit, Fachkenntnis und klinische Eingebung ließen sie die operativen Entscheidungen fällen. Erst später erschienen Publikationen von Physiologen, in denen die Wirkungen der Eingriffe in den Organismus beschrieben und Vor- und Nachteile solcher Interventionen erörtert werden. Es waren die Zeiten der Universalgelehrten, zu denen Bassow zählte.

Wir versuchen die Beweggründe anschaulich zu machen, die ihn zur Auseinandersetzung mit den Beobachtungen Beaumonts veranlassten. Seine ersten Versuche zur Entwicklung einer künstlichen Magenfistel nahm Bassow im September 1842 vor. Über diese berichtete er in einer Sitzung der Moskauer Gesellschaft der Naturforscher im November des gleichen Jahres.

Hunde mit einer künstlichen Magenfistel wurden von Bassow, damals Prosektor des Instituts für Physiologie der Moskauer Universität, erstmalig in den Physiologievorlesungen von Professor A. M. Filomafitski gezeigt. Darauf weist Bassow selbst in seinen *Bemerkungen über den künstlichen Weg in den Magen der Tiere* hin. Er schreibt, dass „einige dieser Beobachtungen und Versuche bereits während der Vorlesungen vom Professor der Moskauer Universität Filomafitski vorgeführt wurden, der bekanntlich die Ehre der Einführung physiologischer Tierexperimente während der Vorlesungen an dieser Universität besitzt".[2]

Die Ergebnisse der Tierversuche mit einer künstlichen Fistel wurden in französischer Sprache Ende 1842 in den *Bulletin de la Société impériale des naturalistes de Moscou* veröffentlicht. In russischer Sprache erschienen sie 1843 in den *Beiträgen über Heilwissenschaften*, die von der Medizinisch-Chirurgischen Akademie in Sankt Petersburg herausgegeben wurden.

Bassow beschrieb ausführlich die Methode der Operationsführung unter Beifügung entsprechender Abbildungen. Er vertrat die Auffassung, der beste Zugang zum Magen sei der Schnitt an der Vorderseite des Bauches. Der transthorakale Zugang sei schwieriger und gefährlicher. Unabdingbar sei, den Tieren 16 bis 20 Stunden vor

---

[2]Bassow, W. A., *Bemerkungen über den künstlichen Weg zum Magen der Tiere*. Anthologie der Geschichte der russischen Chirurgie, Bd. 2. S. 23.

der Operation kein Futter zu geben. Der eigentliche Eingriff wird von Bassow recht detailliert und präzise beschrieben. Sein Verfahren wird bis heute als eines der besten angesehen und zu experimentellen Zwecken angewandt. Bassow beschrieb auch ausführlich die Pflege der Tiere in der postoperativen Phase. Die von ihm eingeführte Diät sah folgendermaßen aus: In den ersten drei Tagen erhielten sie nur Wasser und dünnen Haferschleim, ab dem vierten Tag Haferschleim mit Rindfleisch, ab dem neunten Tag gewöhnliches Hundefutter einmal täglich.

Die Nachbehandlung der Wunde erfolgte nach den damals üblichen chirurgischen Regeln. Die Heilung erfolgte *per primam intentionem*. Nach der Wundheilung blieb eine Öffnung im Magen und an der Bauchwand erhalten, aus der man leicht Magensaft entnehmen konnte.

In den Jahren, die auf Bassows Entdeckung folgten, befassten sich viele Forscher mit der Gastrostomie– darunter Watson in den USA, Blondlo in Frankreich, etwas später Sedillot. Dies bestätigt ein weiteres Mal die Bedeutung der Arbeit von Bassow. Von den Gelehrten, die sich mit der Problematik des operativen Zugangs zum Magen befasst hatten, war er der Erste, der hierzu ein Experiment durchführte. Andere gelangten zwar auch an das gewünschte Ziel, erreichten aber die Ziellinie mit einer gewissen Verspätung. Dies führte zu harten Auseinandersetzungen über die Frage, wer als „Vater der Gastrostomie" gelten kann. Ansprüche erhoben die oben erwähnten Watson, Blondlo und Sedillot. Sie entbehren jeder Grundlage, denn Blondlo z. B. veröffentlichte seine Versuchsergebnisse ein Jahr nach Bassow.

Der bekannte Chirurg I. Ja. Kurbatow bemerkte in seiner Doktorarbeit *„Über den künstlichen Weg zum Magen"* (1879) zu den falschen Behauptungen von Blondlo und Watson: „Es lässt sich nicht lediglich durch die Unkenntnis der russischen Sprache, in der der Aufsatz von Professor Bassow erschien, seitens der ausländischen Wissenschaftler erklären. Denn er wurde 1842 auch in dem Informationsblatt der Moskauer Gesellschaft der Naturerforscher veröffentlicht und diese Informationsblätter erschienen stets, wie bekannt, in französischer Sprache."[3]

Bekannte und angesehene Physiologen jener Zeit wie Schiff und Donders verteidigten die Vorrangstellung von Bassow. In seiner Dissertation führt Kurbatow eine Erklärung von Schiff zur Verteidigung der Priorität des russischen Wissenschaftlers an. Auch Pawlow war ein leidenschaftlicher Verteidiger der Priorität von Bassow. In seiner Dissertation *„Zur Lehre von den Magenoperationen"* (1883) schrieb L. Fidler: „Bassow hat die Gastrostomieoperation durchgeführt und ihre Heimat ist unser Vaterland."

Klären wir aber die Frage nach den wissenschaftlichen Zwecken, die Bassow mit seinen Versuchen zu beantworten beabsichtigte.

Seinen Beitrag zu den durchgeführten Versuchen und den erzielten Ergebnissen beginnt er mit der Problematisierung von Beweisfähigkeit und Wahrheit einer wissen-

---

[3]Kurbatow, I. Ja., *Über den künstlichen Weg zum Magen: Medizinische Doktorarbeit*, Moskau, 1879. S. 5.

schaftlichen Beobachtung. Bassow vertritt das Prinzip der Wahrheitsbeweisfähigkeit in der Wissenschaft, anknüpfend an Descartes, nach dem die Offensichtlichkeit als Wahrheitskriterium dient. „Es ist bekannt", schreibt Bassow, „dass die Offensichtlichkeit eine notwendige Bedingung für die Überzeugung von der Wahrheit ist und jede Wissenschaft wird erst dann zur Vollkommenheit gebracht, wenn die darin dargelegten Wahrheiten offensichtlich, sozusagen spürbar sind. Die Offensichtlichkeit ist umso notwendiger, je komplizierter die gegebene Erscheinung ist, je mehr Umstände vorhanden sind, die vom Forscher erschlossen werden müssen. Zu solchen Erscheinungen im Tierreich gehört die Magenverdauung."[4]

Die Komplexität der Magenfunktionen, die Unmöglichkeit ihrer unmittelbaren Beobachtung sowie das Fehlen von mehr oder weniger genauen Erkenntnissen waren der Grund für eine große Anzahl von widersprüchlichen und sich gegenseitig ausschließenden Ansichten über das Wesen der Funktionen, die der Magen beim Verdauungsprozess ausübt. „Anzunehmen ist", bemerkte Bassow, „dass die große Anzahl von unterschiedlichen Säugetieren eine Begründung für die Vielzahl von Theorien liefert. Es scheint jedenfalls niemand daran zu zweifeln, dass der Mangel an Beobachtungen und Versuchen hinsichtlich dessen, was während der Verdauung im Magen vor sich geht, der hauptsächliche Grund dafür war, dass gewisse Widersprüche bezüglich dieses tierischen Vorgangs entstanden sind und weiter entstehen."[5]

Mit dem Magenfistel-Experiment sah Bassow eine grundsätzliche Verbesserung der Untersuchungsbedingungen gegeben. Die zufällige klinische Einzelbeobachtung war bestätigt, war nun ein gesetzmäßig auftretendes Phänomen, d. h. eine präzise wissenschaftliche Tatsache. Die Einzelbeobachtung war in kontrollierbare und unter bestimmten Bedingungen leicht reproduzierbare wissenschaftliche Daten gefasst worden. Beaumonts Fallbeschreibung hatte zu Bassows Experiment geführt, der sich fragte, ob das Anlegen einer künstlichen Öffnung im Magen der Tiere tatsächlich einen Beweis liefert: „Die acht von uns im laufenden Jahr vorgenommenen Hundeversuche entscheiden die gestellte Frage bejahend",[6] befand er.

Hier stimmt die Gedankenfolge von Bassow erstaunlicherweise mit der Philosophie der experimentellen Medizin von Pawlow überein. Der Gedanke von Bassow, dass die Beobachtung eine passive und das Experiment eine aktive Erkenntnismethode ist, welche „die Zufälligkeit der Willkür des Naturforschers unterwirft", steht erstaunlicherweise im Einklang mit den späteren Gedanken von Pawlow zur Rolle von Beobachtung und Experiment. „Die Beobachtung", hielt Pawlow fest, „stellt eine für die Untersuchung einfacherer Erscheinungen hinreichende Methode dar. Je komplizierter aber die Erscheinung ist (und was ist komplizierter als das Leben?), desto eher ist der Versuch unvermeidlich. Nur der Versuch, der durch nichts außer den natürlichen Grenzen der

---

[4]*Anthologie der Geschichte der russischen Chirurgie*, Bd. II., S. 19–20.
[5]*Anthologie der Geschichte der russischen Chirurgie*, Bd. II., S. 20.
[6]*Anthologie der Geschichte der russischen Chirurgie*, Bd. II., S. 20.

Erfindungsgabe menschlichen Geistes eingeschränkte Versuch, vollendet und krönt das Werk der Medizin [...]. Anders gesagt, sammelt die Beobachtung das, was ihr die Natur anbietet; der Versuch dagegen nimmt von der Natur das, was er will."[7]

Mit einer erstaunlichen Scharfsichtigkeit sagte Bassow die Bedeutung seiner Entdeckung für die Entwicklung der Magenchirurgie voraus, deren Beginn mit den Operationen zur Entwicklung einer Magenfistel zu Heilzwecken Ende der 1840er Jahre anzusetzen ist. „Außer physiologischer Anwendung", schrieb er, „bestätigen geglückte Tierversuche – und auch Notfalleingriffe beim Menschen – die Sicherheit der absichtlichen Magenöffnung und des Magenschnitts, wie sie beispielsweise Bouchet de Jyon zur Entfernung einer verschluckten Gabel bei einer Frau vorgenommen hat. Dieselben Versuche weisen auf die Möglichkeit einer solchen künstlichen Öffnung bei einem Menschen hin, wenn der natürliche Weg für die Aufnahme und den Durchgang von Nahrung und Trank durch Geschwülste u. a. geschlossen bzw. versperrt ist. Es kann sich auch um die künstliche Öffnung bei der Heilung von Polypen handeln, die im unteren Teil des Speisereservoirs in der Magenhöhle wachsen, sowie bei anderen Krankheiten, die wegen der Unmöglichkeit eines unmittelbaren Zugangs zum Magen zu den unheilbaren zählen."[8]

In der Physiologie der Verdauung, darunter der Magenverdauung, trat und tritt die Fistel vor allem als eine Methode auf, ohne die die weitere Entwicklung der Wissenschaft unmöglich gewesen wäre. In diesem Zusammenhang sind die Worte von Pawlow zu erwähnen: „Es wird häufig und nicht ohne Grund davon gesprochen, dass sich die Wissenschaft ruckartig und stoßweise bewegt, abhängig von den durch die Methodik verursachten Erfolgen. Mit jedem Schritt der Methodik vorwärts steigen wir sozusagen eine Stufe höher, von der aus sich eine freiere Aussicht auf noch nie gesehene Gegenstände bietet."

Die wissenschaftliche Vorrangstellung von Bassow lässt sich in zweierlei Hinsicht belegen, nämlich experimentell und klinisch. Er sah in der Anlage einer Magenfistel eine streng wissenschaftliche, experimentelle Methode und zugleich ein chirurgisches Heilverfahren. Im Protokoll der oben erwähnten Sitzung der Moskauer Gesellschaft für Naturforscher vom 14. November 1842 sind die eventuellen Anwendungsgebiete wie folgt skizziert: „Der Autor meint damit eine Möglichkeit für die Beobachtung der Verdauung zu haben und wird sie dereinst auch für die ärztliche Behandlung einiger Krankheiten nutzen können." Es ist durchaus angebracht, hier von der Geburt der experimentellen Magenchirurgie zu sprechen.

Seit dem Ende 1840er Jahre fand die Gastrostomie als eine chirurgische Therapiemethode immer häufiger Anwendung. Rund sieben Jahren nach der Mitteilung von Bassow über seine Erfindung, am 13. November 1849, legte der französische Chirurg S. Sedillot in Straßburg einem 52-jährigen Kranken, der an einem Speiseröhrenverschluss

---

[7]*Anthologie der Geschichte der russischen Chirurgie,* Bd. I., S. 525.
[8]*Anthologie der Geschichte der russischen Chirurgie,* Bd. II., S. 23.

infolge von Krebs litt, eine Magenfistel an. Der Kranke starb einige Stunden nach der Operation. Die erste Gastrostomie in Russland wurde von W. F. Snegirew am 9. Januar 1877 vorgenommen. Über sie wurde in der Sitzung der Moskauer Physisch-Medizinischen Gesellschaft am 7. März desselben Jahres berichtet. In der Folge kam es aber nicht zum erwarteten breiten Einsatz des Verfahrens in der Praxis, nicht in der klinischen und nicht in der experimentellen Chirurgie. Woran lag das?

Wir beginnen damit, dass Bassow die eingeschränkten Möglichkeiten der Anwendung seiner Magenfistel selbst erkannte: „Wir schätzen ", so notierte er, „die oben genannten Versuche nicht in jedem Fall als vollkommen ein. Allerdings zeigen sie die Möglichkeit eines künstlichen Zugangs in den Magen von Tieren, der erforderlich ist, um den Verdauungsprozess im Magen unmittelbar zu beobachten." Mit diesen Worten bekundete er wiederum seine für einen großen Experimentator charakteristische Sehergabe, wenn auch in einem für seine Entdeckung negativen Sinne. In der Tat führte die operative Gastrostomie, die mit seinem Experiment erstmals in die Tat umgesetzt worden war, zu keinen schnellen Ergebnissen – weder auf dem Feld der experimentellen noch auf dem Gebiet der klinischenMagenchirurgie.

Der langsame Fortschritt der operativen Magenchirurgie ist leicht zu erklären. Erstens stellten die Versuche klinischer Anwendung der Gastrostomie zunächst eine inadäquate Übernahme der experimentellen Methode dar. Es ergaben sich Probleme, die mit der Hautmazeration um die Wunde, dem Fehlen eines Obstipationsmechanismus und der grundsätzlichen Unregelbarkeit der Fistelfunktion im Zusammenhang standen. Zweitens hatten die Chirurgen Mitte des 19. Jahrhunderts nur eine vage Vorstellung von der normalen und der pathologischen Physiologie des Magen-Darm-Kanals. Die Möglichkeit des operativen Zugangs zum Magen war noch gestern so irreal erschienen, dass sich die Auffassung hielt, der Eingriff sei nutzlos. Da drangen die Ärzte in den Magen ein, und was nun? Wie funktioniert der Magen denn eigentlich? Wie sehen die von den Ärzten anzuwendenden physiologischen Standards aus? Großartig, man hat den abgesonderten Magensaft aufgefangen, aber wie sollte dieser Saft überhaupt beschaffen sein? Auf diese und ähnliche Fragen gab es zunächst keine Antworten.

Nachfolgend werden wir ausführlich zeigen, was in der klinischen Chirurgie Mitte des 19. Jahrhunderts genau geschah. Das Erstaunlichste waren fehlende Fortschritte bei der physiologischen Erforschung des Magens. Dies lag daran, dass fast nichts über das gesunde Organ bekannt war. Die Anlage einer Magenfistel, die eine Revolution darstellte, hielt man jedoch nicht für die angemessene Standardtherapie. Sie eröffnete zwar die Möglichkeit, Magensaft zu untersuchen. Es stellte sich aber heraus, dass diese Flüssigkeit in der Regel nur in ungenügender Menge und in nicht ausreichender Reinheit gewonnen werden konnte. Erst nach vielen Jahren, als Pawlow das Anlegen der Magenfistel experimentell durch die Methode der „Scheinfütterung" ergänzt hatte, wurde damit das Untersuchungsmodell der Magenfunktionen entworfen. Erstaunlicherweise fiel diese Methode von Pawlow mit der Logik der Erfindung von Bassow zusammen. Es handelte sich neuerlich um den Schritt von einer klinischen Kasuistik zu einem experimentellen Modell.

Wie oben geschildert, wurde der Grundstein zur Entwicklung der Magenchirurgie durch die Entwicklung der operativen Gastrostomie im Hundeexperiment von Wassili Alexandrowitsch Bassow, Doktor der Medizin, habilitierter Chirurg und Professor an der Moskauer Universität, gelegt.

Der Begriff „Gastrostomie" wurde 1846 vom französischen Chirurg S. Sedillot geprägt. Er war es, der, wie ebenfalls bereits erwähnt, als Erster einen solchen Eingriff an einem Menschen zu Heilzwecken vornahm. 1846 reichte Sedillot drei Beiträge über „Gastrostomie fistuleuse" bei der Pariser Akademie ein. Mit seinen Aufsätzen, seinem Plan des beabsichtigten Operationsverfahrens sowie den positiven Ergebnissen von Tierversuchen wollte er die Mitglieder der Akademie vom Nutzen einer solchen Operation an Menschen überzeugen. S. S. Judin kommentiert die Beiträge von S. Sedillot gegenüber der Pariser Akademie folgendermaßen: „Er war dermaßen von seiner Idee hingerissen, dass er am Ende des ersten Beitrages ausrief: ‚Das Wesen dieser Operation scheint uns so vernunftmäßig und günstig zu sein, dass wir bloß erstaunt sind, die Ersten zu sein, die sie vorgeschlagen und ihre ganze Bedeutung aufgedeckt haben.'"

Freilich wusste er nicht, dass er mit all diesem um ganze vier Jahre zu spät kam, dass Bassow vor langer Zeit in Moskau Gastrostomien an Hunden erfolgreich durchgeführt und in seinen u. a. in französischer Sprache publizierten Aufsätzen klar und genau die Operationsindikationen für die Anwendung am Menschen festgelegt hatte.

Die Pariser Akademie bekundete ihr kühles Desinteresse an den Beiträgen von Sedillot.

Von der Unterschätzung der Magenfistel als einer chirurgischen Heilmethode durch die breite wissenschaftliche Öffentlichkeit zeugen weitere Fakten. Der französische Chirurg Petek de Catean fragte unabhängig von Sedillot bei der „Société médicale de Dimai" um Rat. Er wollte bei einem verhungernden Kranken einen solchen Eingriff durchführen, erhielt aber den Bescheid, die Gesellschaft halte „die Gastrostomie als Operation für unzulässig".

Im selben Jahr 1846 wurde ein strenges Urteil über diesen Eingriff von dem prominenten deutschen Chirurgen Dieffenbach gefällt: „Bei solchen Operationen sind Genesungen vergeblich zu suchen, sie sind weniger von praktischer Bedeutung als Merrems sinnreicher Jugendtraum vom kranken Pförtner."

Nach Sedillot wurde die Gastrostomie u. a. von Fenger im Jahre 1857, von Foster 1858, von Jones 1859, von Traden 1856 durchgeführt. Das von Fenger vorgeschlagene Operationsverfahren galt als das am weitesten verbreitete. Im Laufe von 29 Jahren führten europäische Chirurgen insgesamt 32 operative Gastrostomien durch. Der Ausgang aller Eingriffe war leider ausnahmslos ungünstig und erst 1875 erzielte Sydney Jones ein positives Ergebnis: Es war die 33. Magenfistelanlage beim Menschen. Die zweite erfolgreiche Gastrostomie zu Heilzwecken führte Verneuil 1876 durch. Das Leben des Patienten, an dem die erfolgreiche Operation durchgeführt wurde, stellte nach dem überstandenen Eingriff ein etwas merkwürdiges, aber drastisches Anschauungsbeispiel dafür dar, wie seltsam die Gastrostomie auf das breite Publikum jener Jahre wirkte. Der Patient wandelte die Folgen der Operation in eine Quelle seines materiellen

Wohlstandes um: Gegen Geld zeigte er auf Reisen durch Frankreich seine Magenfistel. Das Geschäft endete mit seinem Tod nach übermäßigem Alkoholkonsum.

In Russland wurde die erste Gastrostomie an einem Patienten von W. F. Snegirew, Professor an der Moskauer Universität, durchgeführt. Über seine Operation berichtete er in der Sitzung der Physisch-Medizinischen Gesellschaft am 7. März 1877 sowie in der Zeitschrift *Medizinskoje Obrazovanije* („Medizinische Ausbildung") im gleichen Jahr. Am 9. Januar 1877 operierte er eine 30-jährige Frau. Der Eingriff dauerte drei Stunden und endete ungünstig – der Tod trat 30 Stunden später infolge eines Schocks ein.

1879 berichtete N. W. Sklifossowski in den *Medizinskij westnik* („Medizinischen Mitteilungen") über zwei von ihm durchgeführte Gastrostomien.

1883 brachte L. Fidler in seiner Habilitationsschrift die folgende Statistik der in Russland von 1877 bis 1882 durchgeführten Gastrostomien:

„1877   – Snegirew – Moskau, Tod.
1879   – Sklifossowski – Sankt Petersburg, Tod.
1879   – Sklifossowski – Sankt Petersburg, operativer Erfolg, Tod am 19. Tag.
1880   – Jazenko, Kiew, Genesung. Ein Jahr später bescheinigt.
1880   – Kolomnin, Sankt Petersburg, Tod.
1881   – A. Kni, Moskau, Tod.
1881   – P. Pelechin, Sankt Petersburg, operativer Erfolg, Tod in der 3. Woche.
1881   – Stukowenkow, Moskau, Tod am 6. Tag.
1882   – A. Kni, Moskau, operativer Erfolg.
1882   – A. Kni, Moskau, operativer Erfolg.
1882   – M. Kitaewski, Sankt Petersburg, operativer Erfolg.
1882   – W. Dianin, Sankt Petersburg, Tod."

L. Fidler teilt drei weitere 1882 durchgeführte Gastrostomien mit, ohne Autoren anzugeben. Ende 1882 zählte L. Fidler alles in allem 15 in Russland binnen fünf Jahren durchgeführte Gastrostomien.

Den oben angeführten Angaben ist zu entnehmen, dass die postoperative Sterblichkeit bei Gastrostomien damals sehr hoch war, denn in den zwölf von L. Fidler erwähnten Fällen kam es nur in einem zur Genesung.

1885 konnte E. Albert mit der weltweit größten Erfahrung auf dem Gebiet der operativen Gastrostomie prahlen (zwölf Eingriffe). Von den russischen Chirurgen führte A. D. Kni zu jener Zeit die größte Anzahl von Gastrostomien – neun Operationen – in Moskau durch. N. A. Weljaminow und N. W. Sklifossowski führten je sechs Gastrostomien durch, I. F. Sabaneew fünf Operationen. Letzterer entwickelte eine Modifikation, um eine Verzögerung der Passage zu erreichen, bei der die Muskeln der vorderen Bauchwand eine wichtige Funktion übernahmen. Die Ideen von Sabaneew hatten große Bedeutung für den Einsatz der Gastrostomie in der klinischen Praxis. Unten gehen wir auf seine Neuerungen in der operativen Magenchirurgie näher ein.

Die russische Chirurgie sammelte eine beträchtliche Erfahrung. Zugleich ist zu bemerken, dass in der Klinik von Billroth in Wien von 1880 bis 1884 nur vier

Gastrostomien durchgeführt wurden. 1885 führte Zesas in einer weltweiten Statistik 129 Gastrostomien auf.

Wenn man den Berechnungen von Kni traut, so lag Anfang 1886 die weltweite Erfahrung, einschließlich russischer Chirurgen, bei 169 Gastrostomien.

Äußerst widersprüchlich war die Einschätzung der Operationsergebnisse. Nach Ausweis verschiedener Autoren schwankte die Sterblichkeit zwischen 75 % und 27,5 %. Laut Schätzungen von Kni wurden nach Stand des Jahres 1886 nur 56 von den 169 Patienten wieder gesund. Die allgemeine Einschätzung der Effizienz des Verfahrens wurde erstens durch geringe Eingriffserfahrungen und zweitens dadurch erschwert, dass ein Teil der Interventionen in vorantiseptischer Zeit durchgeführt wurde und die Gründe für letale Ausgänge demzufolge kaum objektiv zu beurteilen sind. Es liegt aber auf der Hand, dass auch der beste chirurgische Eingriff durch eine hohe Letalität infolge postoperativer Infektionen diskreditiert werden kann. Deswegen lassen sich die Resultate der in vorantiseptischer Zeit durchgeführten Operationen nicht aus dem Blickwinkel einer Effizienzbeurteilung der Methode an sich betrachten.

Vitringa analysierte Ergebnisse einer Gastrostomie vor und nach dem Einsatz von antiseptischen Methoden in der klinischen Praxis. Nach seinen Schätzungen gab es in der vorantiseptischen Zeit nur 3 % Genesungen. Nachdem Chirurgen mit der Anwendung von antiseptischen Verfahren begonnen hatten, erhöhte sich die Genesungsquote auf 47 %. Nach Angaben von Kni erreichte die Sterblichkeit infolge der Gastrostomie in der vorantiseptischen Zeit 55 %; nach dem Einsatz antiseptischer Methoden im Jahr 1886 sank die Sterblichkeit auf 27 %.

Sehr widersprüchlich sehen auch die Angaben verschiedener Autoren zur Überlebensdauer der Kranken nach einer Gastrostomie aus. Nach Schätzungen von Kni betrug die durchschnittliche Lebensdauer 20 Tage, nach Angaben von Petit 14 Tage. Anhand der Auswertung von 167 Operationen gibt Grass die durchschnittliche Überlebensdauer mit 33 Tagen an.

Viele Autoren weisen darauf hin, dass die Sterblichkeit infolge des Eingriffs neben allen sonstigen Gründen von der richtigen Bestimmung der Operationsindikation abhing. Billroth z. B. maß dieser Tatsache allergrößte Bedeutung bei. Die meisten Gastrostomien jener Zeit wurden im Zusammenhang mit einem Speiseröhrenverschluss infolge eines Malignoms des Ösophagus bzw. der Kardia oder wegen einer narbigen Speiseröhrenstenose durchgeführt.

In all diesen Fällen wurde die Gastrostomie als eine ursprünglich palliative Operation vorgenommen. Letztendlich hing das Schicksal des Kranken somit nicht von dem Eingriff, sondern von der Entwicklung der Grunderkrankung ab. Eine Ausnahme von dieser Regel stellten die Fälle der narbigen Speiseröhrenstenose verschiedener Genese dar, sofern die Magenfistel die Ernährung des Kranken und damit sein längerfristiges Überleben sicherstellte.

Um die Mitte der 1880er Jahre trat offen zutage, dass die wesentlichen Ursachen der hohen Sterblichkeit bei Gastrostomien in der unzureichenden Erfahrung der Chirurgen lagen – einerseits infolge einer geringen Zahl von Eingriffen, andererseits aufgrund einer unzureichenden Bestimmung der Operationsindikationen.

Nach dem Einsatz von antiseptischen Methoden sowie der Antiseptik und Aseptik in der Praxis wurde die Kachexie zur Hauptursache der Sterblichkeit nach Gastrostomie, weil es nicht gelang, ein normales Ernährungsregime über die Fistel zu erreichen. Die durch die Fistel eingeführten harten Speisen wurden häufig reflektorisch aus dem Magen ausgeschieden und dieser Nahrungsverlust wurde zu einer regelrechten Geißel der Kranken und der Ärzte. Die Chirurgen strebten danach, das Operationsverfahren zwecks Beseitigung dieser drohenden Gefahr zu verbessern. Bis Anfang der 1880er Jahre war die Fenger-Methode besonders beliebt, bei der die Fistel mit einem speziellen Obturator mechanisch verschlossen wurde, was eine Reihe von Unannehmlichkeiten für den Kranken schuf und schlechte Ergebnisse nach sich zog.

Es kam schließlich die Zeit, als man an die Ausführung einer Gastrostomie zwei von Sabaneew formulierte Hauptforderungen stellte: nämlich erstens diese Operation *quoad vitam* möglichst risikoarm zu gestalten und zweitens eine möglichst zweckmäßige Funktion der angelegten Magenfistel zu gewährleisten.

Zur Beseitigung negativer Folgen der Gastrostomie wurden mehrere Verfahren vorgeschlagen, die sich – nach operativen Grundsätzen sowie Anwendungslogik – in drei Gruppen einteilen lassen. Erste Gruppe: Entwicklung einer aufrechten Lippenfistel, durch die man in den Magen nicht nur flüssige, sondern auch harte Speisen in einer Menge einführen kann, die für eine normale Ernährung des Kranken ausreicht (Trendelenburg u. a.). Zweite Gruppe: Verfahren zur Anlegung eines aus der Magenwand gebildeten schrägen Kanals (Witzei, Marwadel, Schnizler). Zur dritten Gruppe gehörten die Verfahren zur Bildung einer „Quetsche" aus Bauchmuskeln oder Bauchwandfalten (Hacker, Ullmann, Kader). Durch Unterbringung der Magenfistel in der Muskelmasse versuchte Hacker beispielsweise einen natürlichen Wulst für die Fistel aus den sich kontrahierenden Fasern zu bilden. Hahn brachte die Magenfistel im achten Zwischenrippenraum unter, was ihm harte Wände sicherte und einen dichten Verschluss der Fistel nach der Zuführung von Speisen ermöglichte. Die von Hahn mitgeteilten Ergebnisse waren am aussichtsreichsten.

Sabaneew sah die Nachteile aller Varianten darin, dass „die nach einem der klassischen Verfahren entwickelte Magenfistel ihren anatomischen Eigenschaften nach dem Typ der beschwerlichsten Darmfisteln angehört, nämlich dem Typ der Lippenfisteln, der unter gewissen Umständen das Leben des Kranken gefährdet. Die periodische Kontraktion des Pylorus, die in den Magenfisteln die Funktion eines Sporns ausübt, hat samt der Peristaltik des Magens zur Folge, dass sein Inhalt fast vollständig bereits während des Verdauungsaktes durch den kurzen Kanal der Fistel (die sich außerdem manchmal übermäßig ausdehnt, besonders unter Einfluss von Obturatoren) ausgeschieden wird, was sich selbstverständlich äußerst unangenehm auf die Ernährung des Kranken auswirkt".

Zur Beseitigung der geschilderten Nachteile äußerte Sabaneew 1889 die Idee, dass „die operative Gastrostomie nur dann die in sie gesetzten Hoffnungen rechtfertigen wird, wenn ein Verfahren entwickelt wird, das die dadurch entstehende Magenfistel dem Typ der Lippenfisteln annähert".

Als Resultat dieser Idee erwies sich das von ihm ursprünglich an Leichen entwickelte Verfahren für die Anlage einer Magenfistel, das sich dem Typ der Darmlippenfistel annähert. Dabei liegt eine der Wände auf einer harten Knochenunterlage.

Da wir in der medizinhistorischen Literatur keine Analyse des Beitrags des hervorragenden russischen Chirurgen I. F. Sabaneew, der in die Schatzkammer der Magenchirurgie gehört, finden, halten wir es für zweckmäßig, die Beschreibung des von ihm entwickelten Verfahrens zur Anlage einer Magenfistel so wiederzugeben, wie sie der Autor selbst verfasste. Hierzu erlauben wir uns, das nachfolgende lange Zitat anzuführen.

„Die Durchführung dieser Operation", so Sabaneew, „besteht aus den vier folgenden Schritten.

Der erste Schritt – die Bauchdeckeneröffnung: Der Operateur, indem er sich links von dem Kranken einrichtet, dessen linker Arm etwas seitwärts abgewinkelt ist, macht einen Hautschnitt 7–8 cm lang am Rand der linken falschen (asternalen) Rippen, beginnend auf der Höhe der Knorpelverbindung der 8. und 9. Rippe. Nach Aufschneiden der Haut, des Unterhautgewebes, der Faszie und der zwei Muskelschichten ebenso wie des abdominalen Fettgewebes öffnet man – während man die verletzten Gefäße abbindet – zwischen zwei Federzangen das Bauchfell und fixiert seine beiden Ränder durch Ligaturen.

Der zweite Schritt – Auffindung des Magens: Die Wundränder auseinanderbringend, findet der Operateur den Magen, indem er zur Bestimmung seine Lage zwischen dem kleinen und dem großen Netz benutzt, wobei das erste durch seine Lage gegenüber der unteren Leberoberfläche bestimmt wird. Nachdem der Operateur den Magen aufgefunden hat, zieht er ihn in die Bauchöffnung und versucht, einen Teil seiner Vorderwand im Bereich des Fundus ventriculi in eine Falte zu ziehen.

Das dritte Schritt – Einnähen des Magens: Nach dem vorsichtigen Ausziehen der oben genannten Magenfalte durch die Bauchwunde legt der Operateur sie unter den Rand der linken Rippen. Dann, unter Fortsetzung vorsichtigen Ziehens des Magens in seiner neuen Lage, bestimmt der Operateur den Punkt unter den Rippen, den man ohne besonderen Zug mit der Spitze der ausgezogenen Magenfalte erreichen kann, wenn man sie nach oben und außen mobilisiert. Normalerweise befindet sich dieser Punkt auf der Höhe der sechsten Rippe bzw. gleich darunter, mit einem 1–2 cm langen lateralen Abstand zur linken Mamillarlinie. Nach der Kennzeichnung dieses gesuchten Punkts spannt der Operateur die Spitze der Magenfalte in eine Darmklemme und übergibt diese in die Hände des Assistenten. Danach macht der Operateur einen 3–4 cm langen Schnitt durch die Weichteile bis zu den darunterliegenden Rippen parallel zum Rippenrand auf der Höhe des Punktes, bis zu dem sich der Magen ziehen ließ. Durch den Schnitt werden nun alle Weichteile mit einer stumpfen Kornzange von den darunterliegenden Knorpeln aus von kranial nach kaudal und von lateral nach medial in der Richtung des ersten Schnittes getrennt, sodass eine durch die genannten Schnitte begrenzte Brücke aus Weichteilen gebildet wird, wobei zwischen dieser Brücke und den darunterliegenden Rippen ein Kanal entsteht, dessen breite Basis in den ersten der Schnitte und die enge Spitze in den zweiten der Schnitte führt.

Nachdem der Operateur durch den auf diese Weise entstehenden Kanal die Kornzange gezogen hat, fasst er damit die Spitze der vom Assistenten gehaltenen Magenfalte und führt sie so unter die Brücke, dass ihre Spitze 1 cm hoch aus dem äußeren Schnitt vorspringt; dann übergibt er die Kornzange dem Assistenten, der den Magen in dieser Lage festhält. Danach verbindet der Operateur mit möglichst dicht anzulegenden Nähten den inneren Schnittrand des Peritoneum parietale mit dem Peritoneum viscerale, der Basis der ausgezogenen und in der oben ausgeführten Lage festgehaltenen Magenfalte. Nach dem Anlegen dieser Nähte führt der Operateur die Magenfalte unter der Hautbrücke zurück und verbindet den äußeren Rand des Schnitts des Peritoneum parietale mit dem Peritoneum viscerale der daran angrenzenden Magenseite, während der Assistent den einzunähenden Magenteil nach innen zurückzieht. Diese Naht lässt sich ohne vorherige Mobilisierung der einzunähenden Magenfalte unter die Hautbrücke vornehmen. Aber bei Einhaltung des bezeichneten Verfahrens gelingt es, wovon mich Übungen an Leichen überzeugten, die zusammenzunähenden serösen Überzüge genauer zu verbinden. Wenn nach der Anlegung dieser Nähte, an der ganzen Kreislinie der ausgezogenen Magenfalte entlang, in den Schnittwinkeln insbesondere des unteren Peritoneums der Bauchwand kleine Öffnungen bleiben, werden sie durch Nähte verschlossen. Die mit ihrer Basis eingenähte Magenfalte ist wieder unter die Hautbrücke zurückzuführen und an die Ränder des zweiten Schnitts mit vier Nähten anzusetzen, die folgendermaßen angelegt werden müssen: Zuerst durchsticht man die Haut und alle Weichteile des Schnittrandes, dann fasst man das Peritoneum an der aus dem Schnitt hervorstehenden Spitze der Magenfalte und danach wieder die Weichteile und die Haut, aber nun von innen nach außen, wonach die Fäden unter der Haut vernäht werden. Diese Nähte befestigen eigentlich die Magenfalte.

Das vierte Schritt: Nun öffnet man den Magen mit einem kleinen Schnitt (1–2 cm lang) an der Spitze der herausgezogenen Magenfalte und verbindet die Schleimhaut mit der Haut. Nach der Anlegung dieser letzten Reihe von Nähten wird ein Drainagerohr in die Magenhöhle durch das Loch eingeführt. Nachdem man sich vergewissert hat, dass das Drainagerohr in den Magen eingedrungen ist, fügt man die Ränder des noch nicht geschlossenen Schnitts beim Tasten der Vorderwand der eingenähten Magenfalte nach allgemeinen Regeln mit Nähten zusammen. Das eingeführte Drainagerohr wird mit einer Klemme geschlossen; dann wird ein leichter Druckverband im Bereich des Epigastriums angelegt.

Das Wesen der Operation besteht somit darin, dass die in Gestalt eines Divertikels geformte Magenfalte unter die Brücke der über dem Rippenrand liegenden Haut verlegt wird, wodurch ein von den Magenwänden belegter Gang gebildet wird, der durch die Fistel eröffnet wird, die nach außen 5–7 cm vom Rippenrand entfernt liegt. Die Wände dieses Ganges sind durch den Druck auf die darunter liegenden Rippenknorpel leicht zur gegenseitigen Berührung bis zum vollen Lumenverschluss zu bringen."

In diesem Aufsatz berichtet Sabaneew von fünf Gastrostomien, die er im Zeitraum von 1890 bis 1892 nach der beschriebenen Methodik mit günstigeren Ausgängen als bei den in der damaligen Literatur wiedergegebenen Fällen durchführte.

In seinem im Jahre 1894 veröffentlichten Beitrag berichtete W. W. Lesin über günstige Ergebnisse der Fistelanlage nach diesem Verfahren. Im Aufsatz „*Vier Gastrostomiefälle nach dem Verfahren von Sabaneew*" wies auch G. D. Romm 1895 auf den guten Ausgang bei der Anwendung hin.

Nach der uns zugänglichen Literatur kommen wir zu der Schlussfolgerung, dass das Verfahren für die Magenfistelanlage von Sabaneew den Vorrang der russischen Chirurgie belegt. Dieser Vorrang wird von uns besonders nachdrücklich hervorgehoben, weil noch andere Chirurgen ohne allen Anlass ihre Ansprüche darauf geltend machten. Auf diesen Umstand wurde auch der eigentliche Urheber des neuen Verfahrens aufmerksam. „Am Schluss meiner Mitteilung", schrieb Sabaneew, „halte ich es für notwendig darauf hinzuweisen, dass Frank im Herbst vorigen Jahres eine Gastrostomie nach demselben Verfahren erfolgreich durchführte und dieses als sein eigenes Verfahren veröffentlichte. Ich aber führte diese Operation erstmalig im Mai 1890 durch und eine vorläufige Benachrichtigung über dieses Verfahren erfolgte am 15. September desselben Jahres in der Sitzung der Gesellschaft der Ärzte von Odessa (siehe die Zeitschrift *Wratsch* („Arzt"), 1890, Nr. 39, S. 897)."

1898 entwickelte M. M. Trofimow eine Variante des Verfahrens zum Anlegen einer Fistel nach Kader, die er „Klappenverfahren der Magenfistelanlage" nannte.

Dennoch bildete sich selbst gegen Ende des 19. Jahrhunderts keine klinische Tradition bzw. Schule auf dem Gebiet der Gastrostomie heraus, die zu einer verbreiteten Anwendungspraxis geführt hätte. Wie die oben angeführten Angaben belegen, verfügte die überwiegende Mehrheit der Chirurgen nicht über eine ausreichende operative Erfahrung. Wie N. A. Weljaminow hervorhebt, „führte die Mehrheit der Operateure diesen Eingriff nur ein paar Mal durch, und eine Menge Chirurgen – nur einmal. Es ist deswegen absolut schlüssig, dass vom Standpunkt der Operationstechnik aus bei einer Reihe von Gastrostomien mehrere Fehlgriffe geschehen sind".

Ungeachtet dessen spielte die Gastrostomie eine wichtige Rolle sowohl als ein selbständiges Verfahren als auch als eine Art Generalprobe für die „große Magenchirurgie" bzw. Magenresektion.

Im April 1877 sprach T. Billroth auf dem VI. Kongress der deutschen Chirurgen, bei dem die Probleme der Gastrostomie und der Magenresektion diskutiert wurden, die folgenden prophetischen Worte: „Bei alledem glaube ich, dass die Magenresektion ihre Zukunft hat, aus dem einfachen Grunde, dass, wenn wir eine Fistel risikolos anlegen können, das Magenkarzinom tasten können und dabei noch etwas über seine Verbreitung sagen können, was bleibt dann unmöglich?" Auf diese Aussage von Billroth bezogen sich J. W. Sumarokow, L. Fidler, K. F. Klein, S. S. Judin und andere Chirurgen.

In den letzten Jahren des von uns beschriebenen Zeitraums kommt es weltweit zu wichtigen Innovationen auf dem Gebiet der operativen Magenchirurgie. Es werden Grundsätze der Magenresektion und der Anastomosen-Anlegung entwickelt. Diese sind vor allem mit den Werken von Péan (1879), Billroth (1881) und seinen Assistenten Riediger (1881) und Belfleur (1881) sowie Richter (1881) und Kocher (1883) verbunden. Fortschrittliche Methoden der Magenchirurgie wurden in Russland einige Jahre später eingeführt. 1881 beschränkte sich die Erfahrung in operativer Magenchirurgie russischer Chirurgen auf die Gastrostomie.

Der von uns behandelnde Zeitraum in der Geschichte der Magenchirurgie war die Zeit ihrer Entstehung und ihrer ersten Schritte, die im Zeichen von enormer Sterblichkeit, sehr kurzem postoperativem Überleben der Patienten sowie der Unvorhersehbarkeit der Ergebnisse selbst unter günstigen Bedingungen standen. Deswegen muss man sich bei der Lektüre der Werke von bahnbrechenden russischen Ärzten der Magenchirurgie den Worten von Judin anschließen, der schrieb: „Wenn man ihre eigenen Aufzeichnungen im Originaltext liest, fühlt man lebhaft, wie viele Überlegungen sie anstellten, wie viele tiefe Emotionen sie bewegten auf der Suche nach den neuen Pfaden, auf denen ihnen das Glück zunächst so selten lächelte."

Die Gastrostomie ist nicht nur der Anfang der Magenchirurgie. Diese Operation nimmt ihre Stellung im Arsenal der gesamten modernen Chirurgie ein. Wie B. W. Petrowski mit voller Berechtigung bemerkt, „verlor diese Operation bis heute nicht an Bedeutung, denn die Magenfistel bleibt ein vortreffliches Verfahren bei einer dringlichen Operation beim Speiseröhrenverschluss und wird als eine der Stufen des Speiseröhrenplastik-Systems sowie bei inoperablen Tumoren dieses Organs benutzt".

Open Access Dieses Kapitel wird unter der Creative Commons Namensnennung 4.0 International Lizenz (http://creativecommons.org/licenses/by/4.0/deed.de) veröffentlicht, welche die Nutzung, Vervielfältigung, Bearbeitung, Verbreitung und Wiedergabe in jeglichem Medium und Format erlaubt, sofern Sie den/die ursprünglichen Autor(en) und die Quelle ordnungsgemäß nennen, einen Link zur Creative Commons Lizenz beifügen und angeben, ob Änderungen vorgenommen wurden.

Die in diesem Kapitel enthaltenen Bilder und sonstiges Drittmaterial unterliegen ebenfalls der genannten Creative Commons Lizenz, sofern sich aus der Abbildungslegende nichts anderes ergibt. Sofern das betreffende Material nicht unter der genannten Creative Commons Lizenz steht und die betreffende Handlung nicht nach gesetzlichen Vorschriften erlaubt ist, ist für die oben aufgeführten Weiterverwendungen des Materials die Einwilligung des jeweiligen Rechteinhabers einzuholen.

I. P. Pawlow – der Begründer der experimentellen Magenchirurgie

2

Inhaltsverzeichnis

Das Wesen der experimentellen Methode und der physiologischen Chirurgie 20
Der Grundsatz der phasenhaften Abfolge der Verdauungsprozesse und Selbstregulation der
Verdauungsorgane... 28
Die Vagotomie.. 37
Experiment und Klinik 44

Der Name von Iwan Petrowitsch Pawlow steht in der Reihe von hervorragenden Wissenschaftlern, die Russland berühmt gemacht haben. Das Schaffen des großen Physiologen, Naturforschers und Denkers, der auch die Gabe künstlerischer und dichterischer Offenbarung besaß, hinterließ Spuren in Biologie, Psychologie, Medizin und Philosophie.

Bei seinen Forschungen verwendete Pawlow Methoden mechanistischer und holistischer Biologie- und Philosophieschulen, die als unvereinbar galten. Als Vertreter des Mechanismus meinte er, dass ein komplexes System (wie etwa der Kreislauf oder die Verdauung) auf dem Weg einer sukzessiven Erforschung begriffen werden kann. Als Vertreter der „Philosophie der Ganzheit" empfahl er, entsprechende Untersuchungen an einem lebenden und gesunden Tier vorzunehmen. Pawlow und seine Kollegen wiesen nach, dass jeder Teil des Verdauungssystems – Speicheldrüsen, Magen, Bauchspeicheldrüse, Leber – der Nahrung bestimmte Substanzen hinzufügt, welcher diese in Einheiten von Eiweißstoffen, Fetten und Kohlenhydraten spaltet. Nach der Isolierung einiger Verdauungsenzyme begann Pawlow, diese Mechanismen und Interaktionen zu erforschen.

Im Jahr 1904 wurde Pawlow der Nobelpreis für Physiologie und Medizin „in Anerkennung seiner Arbeit über die Physiologie der Verdauung, die das Wissen über wesentliche Aspekte dieses Bereichs verbessert und erweitert hat", verliehen.

Sein ganzes wissenschaftliches Leben hindurch hielt er sein Interesse am Einfluss des Nervensystems auf die Funktion innerer Organe aufrecht. Zu Beginn des 20. Jahrhunderts führten seine das Verdauungssystem betreffenden Experimente zur Untersuchung bedingter Reflexe. Zum ersten Mal gelang es, experimentell zu beweisen, dass die Magenfunktion vom Nervensystem abhängt und von ihm gesteuert wird.

„Anstelle grober Verfälschungen und lückenhafter Kenntnisse lassen sich Merkmale eines Mechanismus umreißen, voll von Feinheit und innerer Zweckmäßigkeit, gleich wie alles in der Natur, was wir bei ihr näher kennenlernen." Mit diesen Worten zog Pawlow in den *„Die Arbeit der Verdauungsdrüsen. Vorlesungen"* das Fazit seiner mehr als zehnjährigen Arbeit zur Physiologie der Verdauung.

Eine logische Theorie über die Funktionen eines Organsystems aus „Verfälschungen und lückenhaften Kenntnissen" schaffen konnte nur ein hervorragender Experimentator und großer wissenschaftlicher Denker, wie es Pawlow war.

In Anerkennung seiner Verdienste auf dem Gebiet der Verdauungsphysiologie müssen wir uns die Fragen stellen, wer er als Wissenschaftler war und welche neuen weltanschaulichen, methodischen und theoretischen Grundsätze seiner wissenschaftlichen Arbeit zugrunde lagen – Grundsätze, die so reiche Früchte auf dem Gebiet der Physiologie hervorbrachten. Diese Fragen können wir nur beantworten, indem wir ihn vor allem als einen wissenschaftlichen Denker charakterisieren, nämlich als Begründer innovativer Forschungsmethoden und einer neuen Theorie zur Funktion des digestiven Systems.

Um sich ein klares Bild von Pawlow als Denker und Schöpfer einer ganzen Epoche in der Erforschung der Verdauungsphysiologie zu machen, wollen wir versuchen, eine kurze Bestimmung des Begriffs „wissenschaftlicher Denker" zu skizzieren.

Wenn wir von einem solchen sprechen, verstehen wir darunter einen Wissenschaftler, der weltanschauliche, methodische und theoretische Grundsätze sowie praktische Verfahren auf dem zu erforschenden Gebiet begründete – Prinzipien, auf deren Basis ein neues wissenschaftliches Forschungsprogramm entwickelt wurde und in dessen Rahmen neue wissenschaftliche Entdeckungen möglich wurden.

Weltanschaulich passte sich Pawlow der neuen Zeit an. Er erkannte, dass die Welt der Natur mit ihren Lebewesen einen eigenartigen und komplizierten Mechanismus darstellt. Aufgrund dieser Weltanschauung entstand auch die Reflexlehre. Im Geist dieser Tradition betrachtete er den Organismus hochentwickelter Tiere und des Menschen als einen komplexen, aufgrund streng deterministischer Gesetze zweckmäßig funktionierenden Mechanismus. Dabei gelang es ihm, den mechanistischen Ansatz zum Verständnis der Funktion eines ganzen Organismus zu überwinden. Eine inhaltsleere – wenn auch erneuerte – Weltanschauung reichte aber für die Begründung einer neuen Physiologie der Verdauung nicht aus. Man benötigte dazu neue theoretische Bestimmungen, neue wissenschaftliche Grundsätze im Rahmen dieser Weltanschauung. Dazu hatte der Wissenschaftler in erster Linie festzustellen, auf welcher Entwicklungsstufe sich seine Wissenschaft befand. Pawlow als wissenschaftlicher Denker zeichnete sich durch seine Fähigkeit aus, das Entwicklungsniveau der Physiologie der zweiten

Hälfte des 19. Jahrhunderts genau zu diagnostizieren. Er hatte ein klares Verständnis davon, womit sich seine Vorgänger befasst und was sie entdeckt hatten. Schon vor ihm gingen die Physiologen davon aus, dass die Verdauung einen eigentümlichen Prozess darstellt, in dem die Nahrung der mechanischen und hauptsächlich chemischen Bearbeitung unterworfen wird. „All' dieses", schrieb er, „hat die Physiologie erfahren, indem sie die erwähnten Reagentien oder die reinen Fermente aus dem Organismus gewann und im chemischen Glase ihre Wirkung auf die Bestandteile der Nahrung und ihr gegenseitiges Verhalten zu einander prüfte. Hauptsächlich aufgrund der so erworbenen Kenntnisse hat dann die Wissenschaft die Lehre von der Verarbeitung der Nahrung, oder, wie man sagt, von der Verdauung aufgebaut."[1]

Die Verdauungsphysiologie jener Zeit bezeichnete Pawlow als analytische Physiologie. Das Niveau dieser Wissenschaft ließ jedoch keinen Gesamteindruck aller Digestionsprozesse als ganzheitliches System zu und ließ daher keine synthetische Physiologie entstehen.

Eben mangels adäquater theoretischer und methodologischer Voraussetzungen scheiterten Versuche einiger Physiologen, eine komplexe Lehre über digestive Funktionen zu begründen. Es fehlte vor allem an wissenschaftlich fundierten theoretischen Vorstellungen von der Verdauung als einem ganzheitlichen, sich selbst steuernden und sich selbst regelnden System. Wie Pawlow schrieb: „Die Vorstellung vom Organismus als einem ganzheitlichen System wurzelt in uns nicht gründlich genug."[2]

Dabei war eine solche allgemeine Vorstellung zwar eine notwendige, aber dennoch unzureichende Voraussetzung für die Etablierung der synthetischen Physiologie. Die allgemeine Vorstellung vom Systemcharakter der Verdauungsfunktionen sollte sich in Form einer konkreten wissenschaftlichen Idee verwirklichen, anhand derer man aus einzelnen Tatsachen eine Theorie formulieren konnte. „Nur wenn wir unser Augenmerk auf das Ganze, den normalen Funktionsablauf in dem einen oder anderen Teil des Organismus richten", konstatierte Pawlow, „unterscheiden wir ohne Mühe das Zufällige von dem Normalen, finden wir mit Leichtigkeit neue Tatsachen und bemerken öfters und schnell Fehler. Die Idee der gesamten, gemeinsamen Arbeit der Teile wirft ein Schlaglicht auf das gesamte Forschungsgebiet."[3] Eine solche Idee, behauptete er, benötigte man, damit „etwas bestünde, woran man Tatsachen festmacht", damit etwas bestünde, „womit man vorwärts schreitet", damit etwas bestünde, „was für künftige gelehrte Untersuchungen anzubieten wäre".

Die Möglichkeit der Entwicklung einer neuen Verdauungsphysiologie entstand erst danach, nämlich als Pawlow in seiner wissenschaftlichen Forschungstätigkeit die Vorstellung von dem neuen Grundsatz der Funktion des Verdauungssystems umsetzte; jene

---

[1]*Die Arbeit der Verdauungsdrüsen. Vorlesungen,* S. 3.
[2]Pawlow, I. P., *Gesammelte Werke,* Bd. II, Buch 2, S. 418.
[3]*Anthologie der Geschichte der russischen Chirurgie,* Bd. I, S. 76.

Vorstellung, die wir als Grundsatz der phasenweisen Abfolge und Selbstregelung des Organismus ansehen[4].

Eine neue Verdauungsforschung konnte sich ohne Anwendung einer neuen Methodologie und neuer Forschungsverfahren allein nicht durchsetzen.

Die Methodenlehre Pawlows kann als fortschreitende Abweichung seines wissenschaftlichen Schaffens von allgemeinen weltanschaulichen Einstellungen, theoretischen Vorstellungen und führenden Ideen betrachtet werden. Sie führte zu neuen, genauen und unbestreitbaren Erkenntnissen anhand der von ihm neu entwickelten experimentellen Methoden. „Es ist für den Leser von wesentlichem Vorteil zu sehen", so Pawlow, „wie sich vor ihm eine einheitliche Idee entwickelt und in stichhaltigen und harmonisch verknüpften Versuchen ihre Gestaltung findet. Die Grundidee dieses Buches verkörpert die endgiltigen Anschauungen unseres Laboratoriums; sie umfasst alle Thatsachen, bis zu den letzten; sie ist fortwährend geprüft und vielfach berichtigt worden und erscheint füglich als die am besten bewährte."[5]

Pawlow entwickelte eine Reihe neuer experimenteller Methoden. In Anbetracht der Struktur des Verdauungskanals und seiner Lage im Organismus arbeitete er ein System neuer Forschungsmethoden auf der Grundlage der von ihm begründeten „physiologischen Chirurgie" aus.

Das Wesen der experimentellen Methode und der physiologischen Chirurgie

Ihrem Wesen nach stellen experimentelle Forschungsmethoden einen „Kunstgriff" menschlichen Geistes dar. Dieser zwingt Gegenstände bzw. Vorgänge der Natur zur Einwirkung auf andere und offenbart so ihr Wesen. Die naturwissenschaftliche Erkenntnis ist eine Art von Registrierung wissenschaftlicher Tatsachen, Begriffe und anderer gedanklichen Formen. Das Experiment führt die speziell geschaffene Wechselwirkung von Sachen, Vorgängen und Erscheinungen vor. „Wie werde ich die Drüsenfunktion beobachten?", fragte Pawlow und antwortete darauf: „Die Frage nach der Beobachtung ist die Frage nach der Handlungsweise, die Frage nach der Methode. Sie werden schon noch sehen, dass die Methode die allererste, die hauptsächliche Sache ist. Von der Methode, der Handlungsweise, hängt die ganze Bedeutung der Untersuchung ab.

---

[4]Siehe Schingarow, G. Ch., *Wissenschaftliches Schaffen* von I. P. Pawlow. *Probleme der Theorie und Erkenntnismethode*. Moskau, 1985. S. 84–97; Schingarow, G. Ch., Balalykin, D. A., *Pawlower Grundsätze der Verdauungsphysiologie und -pathologie*. Kubaner medizinisch-wissenschaftliches Informationsblatt. 1999 Nr. 1–3; Schingarow, G. Ch., Balalykin, D. A., *Grundsatz der phasenhaften Regelung der Funktionen des Verdauungssystems im Schaffen von I. P. Pawlow*. Materialien der XVI (I) Russischen Fachtagung „Physiologie und Pathologie der Verdauung". Krasnodar, 1997. S. 6–9.

[5]*Die Arbeit der Verdauungsdrüsen. Vorlesungen*, S. XII.

Es liegt alles an einer guten Methode."[6] Pawlow schrieb: „Die Methode hält das Schicksal der Untersuchung in ihren Händen."[7]

Die angeführten Gedanken von Pawlow stehen erstaunlicherweise im Einklang mit der Meinung von Hegel über die Bedeutung der Methode im Erkenntnisprozess. Die Wissenschaft, so Hegel, kann ihre Ziele nur vorbehaltlich der Anwendung einer adäquaten Methode erreichen, „denn die Methode ist das Bewusstsein der Form innerer Eigenbewegung ihres Inhalts."[8]

Pawlow unterstrich, dass sich die Wissenschaft „stoßweise bewegt", abhängig von der Schaffung neuer Untersuchungsmethoden. „Mit einem jeden Schritt, den die Methodik vorwärts thut", schrieb er, „erklimmen wir gleichsam eine höhere Stufe, von der sich uns ein weiterer Gesichtskreis eröffnet, über Gegenstände, die wir früher nicht sahen."[9]

Die Methode ist eine allgemeine Untersuchungsvoraussetzung, durch die sich eine Möglichkeit bietet, ein Denotat der Wirklichkeit in eine präzise wissenschaftliche Tatsache umzuwandeln – objektiv registriert und im Experiment reproduzierbar. In diesem Sinne hatte der junge Pawlow recht, als er bemerkte, dass „die Eröffnung einer Methode, die Untersuchung einer wichtigen Voraussetzung in den Naturwissenschaften, oft größeren Wert hat als die Entdeckung einzelner Tatsachen."[10]

Die Wissenschaftsgeschichte kennt viele Beispiele dafür, wie sich die im Alltag vorkommenden Erscheinungen dank der Anwendung adäquater wissenschaftlicher Methoden in wissenschaftliche Tatsachen verwandeln. Als Beispiel einer solchen wissenschaftlichen Prozedur führte Pawlow die Untersuchung der Rolle psychischer Faktoren an, unter anderem der Rolle des Appetits bei der Verdauung. „Somit beruht", schrieb er, „bei dem Akte des Fressens, bei der Scheinfütterung, die Erregung der Drüsennerven des Magens auf einem psychischen Moment, welches hier zu einem physiologischen geworden ist, d. h. ebenso obligat erscheint und unter gewissen Bedingungen konstant ist, wie jeder beliebige physiologische Vorgang.[...] Dieses Agens, das im Leben so wichtig und für die Wissenschaft so geheimnisvoll ist, bekommt hier endlich Fleisch und Blut, verwandelt sich aus einer subjektiven Empfindung in eine präzise Thatsache des physiologischen Laboratoriums."[11]

Bei Behandlung der Frage nach der Entwicklung der Untersuchungsmethoden hinsichtlich der Verdauungsfunktion ging Pawlow von dem Gedanken über die Entwicklung einer grundsätzlich neuen, einer synthetischen Physiologie aus. Er stellte ausdrücklich bestimmte Ansprüche an die Methoden, anhand derer man eine neue, eine adäquatere Vorstellung von der Physiologie der Verdauungsfunktionen entwickeln

---

[6]Pawlow, I. P., *Gesammelte Werke,* Bd. V, S. 26.
[7]Pawlow, I. P., *Gesammelte Werke,* Bd. V, S. 28.
[8]Hegel, G. W. F., *Werke,* Bd. V, Moskau, 1937, S. 33.
[9]*Die Arbeit der Verdauungsdrüsen. Vorlesungen,* S. 5.
[10]Pawlow, I. P., *Gesammelte Werke,* Bd. I, S. 35.
[11]*Die Arbeit der Verdauungsdrüsen. Vorlesungen,* S. 97–98.

konnte – mit einer strengen Registrierung der während der Nahrungsverdauung verlaufenden Prozesse. „Dazu", schrieb er, „ist im idealen Falle die Erfüllung vieler und schwieriger Bedingungen notwendig. Wir müssen in der Lage sein, das Reaktiv zu jeder Zeit zu erhalten, sonst könnten sich uns wichtige Thatsachen entziehen; es muss in vollkommenem reinem Zustande sein, denn widrigenfalls könnten wir nicht beurteilen, wie sich seine Zusammensetzung ändert; wir müssen genau seine Menge bestimmen können und endlich ist es notwendig, dass der Verdauungskanal regelrecht funktioniert, und das Versuchstier vollkommen gesund ist."[12]

Zu der Zeit, als Pawlow begann, sich mit der Physiologie der Verdauung zu beschäftigen, existierten bereits einige Methoden zur Untersuchung der Funktionen verschiedener Teile des digestiven Systems. Diese Methoden litten jedoch an zwei wesentlichen Nachteilen. Erstens handelte es sich um „akute", einer Vivisektion gleichkommende Versuche, bei denen der normale Verlauf physiologischer Vorgänge abbrach, was öfters zur Registrierung normabweichender physiologischer Erscheinungen führte. Seine Erfahrung hinsichtlich der Vivisektion als Methode der Untersuchung von Verdauungsfunktionen zusammenfassend bemerkte Pawlow, dass „ein gewöhnliches einfaches Aufschneiden des Tieres im akuten Versuch eine, wie es sich von Tag zu Tag immer deutlicher herausstellt, große Quelle von Fehlern einschließt, weil der Akt eine grobe Verletzung des Organismus darstellt und eine Menge von Folgen für die Funktion verschiedener Organe nach sich zieht."[13]

Zweitens waren einige Methoden in sich selbst nicht eindeutig. Sie erreichten nicht ihr Ziel, lösten nicht die Aufgaben des Experiments, machten dabei von ihren Möglichkeiten nicht in vollem Maße Gebrauch. Als Beispiel nehmen wir die Magenfistel von Bassow. Obwohl sie wirklich Möglichkeiten bot, konnte sie bis zur Entwicklung der Methode der Scheinfütterung von Pawlow nicht vollwertig verwendet werden. Dasselbe Problem bestand auch hinsichtlich des von R. Heidenhain vorgeschlagenen Vorgehens zur Pankreasdrüse.

Die Umwandlung der Magenfistel-Methode von Bassow in ein vollwertiges Erkenntnisinstrument beschrieb Pawlow folgendermaßen: „Seinerzeit rief dieses Verfahren äußerst große Hoffnungen hervor, da man einen jederzeit weichen und freien Zugang zum Magen bekam. Aber je mehr Zeit verging, desto mehr Enttäuschungen traten an die Stelle dieser ursprünglichen Hoffnungen."[14]

Diese Enttäuschungen waren damit verbunden, dass es mit dieser Fistel ohne eine Kombination mit anderen Methoden unmöglich war, reinen Magensaft zu erhalten, denn er wurde während der Fütterung immer mit Nahrung vermischt. Deswegen solle man bei der Untersuchung der Magensafteigenschaften durch eine Abrasion gewonnenes

---

[12]*Die Arbeit der Verdauungsdrüsen. Vorlesungen,* S. 5.
[13]Pawlow, I. P., *Anthologie der Geschichte der russischen Chirurgie,* Bd. I., S. 99.
[14]Pawlow, I. P., *Anthologie der Geschichte der russischen Chirurgie,* Bd. I., S. 99.

Material der Magenschleimhaut benutzen. „Man brauchte", wie Pawlow schreibt, es „nur durch eine kleine Modifikation zu vervollkommnen, um grundlegende Fragen mit ihrer Hilfe endgiltig zu lösen."[15] Hinter dieser „geringen Veränderung" steckte die sogenannte „Scheinfütterung", deren Wesen bekanntlich in der Kombination der Magenfistel bei den Hunden mit einer Ösophaguseröffnung bestand, d. h. einer Speiseröhrendurchschneidung am Hals. Auf diese Art wurden die Mundhöhle und der Magen voneinander getrennt. Wenn man ein solches Tier beispielsweise mit Fleisch fütterte, so fiel das Futter aus der Speiseröhre heraus. Dabei kam es zu einer starken Magensaftabsonderung und es entstand die Möglichkeit, die Menge und die Qualität dieses Saftes zu bewerten.

Das ganze Verdauungssystem liegt im Inneren des Organismus und sein Funktionieren lässt sich nicht ohne Anwendung chirurgischer Methoden beobachten. „Ich bin davon überzeugt", schrieb Pawlow, „dass lediglich die Entwicklung unseres Scharfsinns und unserer Kunst, Operationen am Verdauungskanal zu vollführen, uns die wunderbare Schönheit der chemischen Arbeit dieses Organs enthüllen wird, deren einzelne Züge wir schon mit unseren jetzigen Mitteln erkennen können."[16]

Zur Fortentwicklung der Verdauungsphysiologie hatte Pawlow eine neue Richtung in der Physiologie dieses Körpersystems zu begründen, nämlich die physiologische Chirurgie. Sie schuf eine Reihe von Voraussetzungen für die Untersuchung der digestiven Funktionen unter Normalbedingungen.

Die physiologische Chirurgie ist nach Definition von Pawlow die „Ausübung (die technische Ausführung sowohl, wie die Ersinnung) mehr oder weniger komplizierter Operationen, die den Zweck haben, entweder gewisse Organe zu entfernen, oder tief im Organismus verborgene Prozesse der Beobachtung zugänglich zu machen, diese oder jene zwischen zwei Organen bestehende Abhängigkeit zu vernichten, oder, umgekehrt, eine neue zu schaffen u.s.w. Daran muss sich dann das Vermögen anschliessen, alle zugefügten Verletzungen zu heilen und den Allgemeinzustand des Tieres, soweit es dem Wesen der Operation nach möglich ist, zur Norm zurückzuführen."[17] Das war das Programm der „physiologischen Chirurgie", das sich Pawlow absteckte und das er während seiner Tätigkeit auf dem Gebiet der Verdauungsphysiologie verwirklichte. Im Rahmen dieses Programms entwickelte er entsprechende konkrete Verfahren, indem er sowohl grundlegende physiologische Forschungen als auch die experimentelle Chirurgie des Magen-Darm-Kanals ausführte.

In den letzten drei Jahrzehnten des 19. Jahrhunderts erlebte die Magenchirurgie eine stürmische Entwicklung. In der chirurgischen Praxis wurden nun weitgehend Antiseptik und Aseptik sowie verschiedene Narkosemethoden und lokalanästhetischen Verfahren eingesetzt. Dies ermöglichte den Chirurgen die Durchführung komplizierter Operationen an den Verdauungsorganen. Es wurden Verfahren zur Entfernung einzelner Teile dieses

---

[15]*Die Arbeit der Verdauungsdrüsen. Vorlesungen,* S. 13.
[16]*Die Arbeit der Verdauungsdrüsen. Vorlesungen,* S. 24.
[17]*Die Arbeit der Verdauungsdrüsen. Vorlesungen,* S. 20.

Systems und der Schaffung ganz neuer Verbindungen entwickelt. In den 1850er Jahren begann die Anwendung der Magenfistel (Gastrostomie) beim Verschluss des Magenpylorus und der Speiseröhre. Danach begann man, Magenresektion, Pyloroplastik, die Magen-Darm-Anastomose, die Totalexstirpation des Magens sowie die Verbindung der Speiseröhre mit dem Darm u. a. durchzuführen. Es war die chirurgische Praxis, die einerseits eigene Untersuchungsmodelle des Verdauungskanals des Menschen entwickelte und andererseits einer weitergehenden theoretisch-experimentellen Grundlegung bedurfte.

Viele hervorragende Chirurgen jener Zeit befassten sich außerhalb der klinischen Praxis mit Untersuchungen der Funktionen des Verdauungssystems anhand von Tierversuchen. Pawlow unterstrich, dass Chirurgen zur Beantwortung der Frage nach der Anwendbarkeit der einen oder der anderen Operation in der Klinik gezwungen waren, als Physiologen aufzutreten und „chirurgisch-physiologische Untersuchungen" durchzuführen. „Es ist festzustellen", schrieb er, „dass in der letzten Zeit und hauptsächlich bei den Arbeiten am Verdauungskanal Chirurgen anstatt der Physiologen Operationen durchführen. Diese Unterstützung verdient zwar aufrichtigsten Dank, doch wäre es besser, nur das Gelernte zu tun."[18]

Welche der chirurgischen Untersuchungsmethoden der Verdauungsfunktionen sind nun im Rahmen des Programms für physiologische Chirurgie von Pawlow erfunden und in die wissenschaftliche Forschungspraxis eingeführt worden?

Beginnen wir mit ihrer Beschreibung in chronologischer Reihenfolge. Die erste methodische Erfindung war die Entwicklung einer neuartigen Pankreasfistel.

Ihrer anatomischen Lage nach befindet sich die Bauchspeicheldrüse außerhalb des Verdauungskanals. Es schien ursprünglich, dass es keine besondere Schwierigkeit darstellt, ihren reinen Saft zu erhalten. Die Praxis widerlegte aber diese Vermutung. Zu Beginn der Untersuchung der Funktionen des Pankreas erfolgte die Gewinnung des Saftes ausschließlich aus dem Stegreif durch eine Operation, die auf die Einführung und Fixierung einer Kanüle in den Pankreasgang hinauslief. Eine vorläufige Fistel bei Hunden sicherte lediglich eine minimale Flüssigkeitsmenge, die keine vollwertige Drüsenuntersuchung ermöglichte.

Die ersten Versuche zur Anlage einer chronischen Fistel blieben eine geraume Zeit ohne Erfolg. Solche Fisteln funktionierten nur drei bis vier Tage. 1879 führte Pawlow ein grundsätzlich neues Operationsverfahren ein. Unabhängig von Pawlow schlug auch R. Heidenhain 1880 einen gleichartigen Eingriff vor. Der Trick dieser Intervention bestand darin, dass der Saft nicht aus einer durch Anschneiden des Drüsenausführungsganges künstlich erzeugten Öffnung, sondern aus der natürlichen Mündung des Pankreasgangs gewonnen wurde. Nach der Methode von Pawlow wurde der Teil des Zwölffingerdarms, in dem sich diese Mündung befindet, exzidiert und so in die Bauchwand eingenäht, dass sich die Schleimhaut nach außen richtet. Unter solchen

---

[18]*Anthologie der Geschichte der russischen Chirurgie*, Bd. I, S. 322–323.

Bedingungen konnte die Öffnung des Ausführungsganges jahrelang offen bleiben und gut funktionieren. Diese Operation war aber nicht geeignet, alle vor den Wissenschaftlern stehenden Probleme zu lösen. Da der Pankreassaft nicht in den Verdauungskanal gelangte (bzw. nur in einer geringen Menge), traten wesentliche Störungen im Organismus des Versuchstieres ein, deren Beseitigung das Eingreifen des Experimentators erforderte und die eigentliche Forschung wesentlich beeinflusste.

Eine Teillösung dieses Problems bestand bereits in der eigentlichen Vorgehensweise der Pawlowschen Operation, die es ermöglichte, den Saft für Untersuchungszwecke aus dem großen Drüsengang zu gewinnen. Dabei gelangte der durch den kleinen Gang frei abgehende Saft in den Darm. „Es sei aber falsch", schrieb Pawlow, „eine solche Lösung für ideal zu halten, weil, erstens, das Leben des Tieres einer neuen spezifischen Gefahr ausgesetzt wird. Diese wird offenbar, wenn die Pflege nachlässt, infolgedessen das Tier aufgrund der Fistel umkommt."[19] Für einen anderen Nachteil seiner Operation hielt er die Tatsache, dass man nach dem Anlegen der Fistel lange auf die Normalisierung der Pankreasfunktion warten musste. Aber „der wichtigste Mangel dieser Operation", schrieb er weiter, „bestand darin, dass man die Verdauung nicht für normal halten darf, solange bloß eine geringe Menge des Pankreassafts in den Verdauungskanal gelangt." Zwecks Schaffung normaler Bedingungen für das Experiment benötigte das Tier eine besondere Kost.

1889 führte Pawlow gemeinsam mit E. O. Schumowa-Simanowskaja eine Ösophagotomie (d. h. eine Speiseröhrendurchschneidung am Hals mit der Einheilung der Speiseröhrenenden in den Wundwinkeln) an einem Hund mit einer Magenfistel durch. Dank dieser Operation erreichte man eine vollständige anatomische Trennung von Mundhöhle und Magen. Die auf diese Weise operierten Hunde fütterte man durch die Magenfistel. Bei guter Pflege waren sie nach Überstehen der Operationsfolgen vollkommen wiederhergestellt, lebten jahrelang und wurden praktisch gesund. Die Ösophagotomie in Verbindung mit der Magenfistel bot gute Möglichkeiten, Versuche hinsichtlich der Magendrüsenuntersuchung durchzuführen und reinen Magensaft in einer unbeschränkten Menge zu gewinnen. Anhand dieser Methodik entstand die Möglichkeit, den Magensaft jederzeit und in jeder vom Experimentator benötigten Menge zu gewinnen.

Diese experimentelle Methodik nannte Pawlow „Scheinfütterung", und sie besteht unter dieser Bezeichnung in der Wissenschaft bis heute fort. Durch die Scheinfütterung wird nicht nur die Aufgabe der Gewinnung reinen Magensaftes erfüllt, sondern auch die Frage nach der Abhängigkeit der Eigenschaften dieses Safts von der Art des verabreichten Futters gelöst.

---

[19]*Anthologie der Geschichte der russischen Chirurgie,* Bd. I, S. 347.

Ausgehend von dem Gedanken des konsequenten, phasenhaften Charakters der Magendrüsenreizung und -funktion war Pawlow der Auffassung, dass die Scheinfütterungsmethode lediglich eine Vorstellung von der initialen, psychischen Phase der Magenverdauung gab. Das Scheinfütterungsverfahren bot eine Chance, nur die Einwirkung des Fressaktes auf die Funktion der Magendrüsen zu untersuchen. Sie ermöglichte es nicht, die Einwirkung des sich im Magen befindlichen und unmittelbar auf die Schleimhaut und auf die Magensaftsekretion wirkenden Futters zu untersuchen.

Zur Lösung dieser Frage entwickelte Pawlow seine Methode des isolierten „kleinen Magens".

Die unmittelbaren Vorläufer dieser Idee in der Geschichte der Verdauungsphysiologie waren die Methoden zur Isolierung des Pylorusteils des Magens nach Klimenzijewitsch (1875) und der kleine Magen von Heidenhain (1879). Weder die eine noch die andere Methode löste das Problem hinreichend, da der nach Heidenhain geschaffene Magen denerviert war und das Wesen der Arbeit des großen Magens somit nicht vollständig wiedergab. Auch der Pylorussack von Klimenzijewitsch ermöglichte lediglich teilweise Vorstellungen von der Tätigkeit der Pylorusdrüsen. Wie Pawlow betonte, brachte ihn außer den genannten Operationen die Darmfistel von Thiry auf die richtige Spur: eine Darmfistel, bei der die Innervation des Darmsegments mit der Fistel aufrechterhalten blieb. Das schöpferische Werk zur Schaffung des kleinen Magens wurde von Pawlow wie folgt beschrieben: „Ein wahrhaft glücklicher Gedanke, wie man in solchen Fällen zu verfahren habe, rührt von Thiry her, welcher, um reinen Darmsaft zu gewinnen, der ja auch aus mikroskopischen Gebilden der Darmwand hervorquillt, und um seinen Sekretionsverlauf zu studieren, ein cylindrisches Stück Darm herausschnitt, aus ihm einen Blindsack bildete und denselben in die Öffnung der Bauchwunde einnähte. Diesen Gedanken verwertete im Jahre 1875 Klemensiewicz, um das reine Sekret des Pylorusteils des Magens zu erhalten, doch lebte sein Hund blos 3 Tage nach der Operation. Heidenhain gelang es, einen solchen Hund am Leben zu erhalten. Bald darauf isolierte Heidenhain ein Stück des Fundus des Magens, indem er daraus einen Blindsack bildete, welcher sein Sekret nach aussen ergoss."[20] Pawlow, der die Wirkung des Vagus auf den gesamten Verdauungsprozess eingehend untersucht hatte, verstand, dass der Heidenhainsche kleine Magen weder eine genaue Kopie, einen „Spiegel" des großen Magens, noch seine normale Funktion darstellt. Deswegen schuf er einen ähnlichen kleinen Magen; hierbei wurde die Gesamtheit der Mageninnervation aufrechterhalten. Mit diesem Magen konnte Pawlow die Funktion der Magendrüsen sowohl unter der Einwirkung des Fütterungsaktes mit der Absonderung des psychischen Appetitsaftes als auch unter der Einwirkung von chemischen Faktoren untersuchen. Seine Mitteilung über die Bildung des kleinen Magens erfolgte im Jahre 1894 im Aufsatz *„Über chirurgische Methoden der Untersuchung der Sekretionsphänomene des Magens"*. Außer den

---

[20]*Die Arbeit der Verdauungsdrüsen. Vorlesungen*, S. 15.

genannten Operationen wurden in Pawlows Labor Modifikationen der Forschungsmethoden bezüglich der Funktionen des Pylorus sowie der Untersuchungsverfahren hinsichtlich der Verhältnisse zwischen Darm, Magen u. a. durchgeführt.

Die Untersuchung der Funktionen einzelner Organe des Verdauungssystems führte zu wertvollen Erkenntnissen, stellte jedoch den Verdauungsprozess nicht als eine kontinuierliche Ganzheit – von der Zufuhr der Nahrung in den Verdauungskanal bis zu ihrer Resorption durch den Organismus – dar. Dafür mussten Kombinationen verschiedener Operationen an verschiedenen Teilen des Verdauungssystems gleichzeitig durchgeführt werden – möglichst an demselben Tier: „Wenn aber die Sache darin besteht, dass die Tätigkeit der Verdauungsdrüsen gründlich und allseitig untersucht werden muss, so kann die Operationsarbeit nicht auf die separate Anwendung der beschriebenen Verfahren beschränkt werden, sondern man muss die weitere nicht leichte Aufgabe der Kombination verschiedener Operationen lösen. Die Notwendigkeit dieser Kombinationen geht davon aus, dass sich die Erforschung der Verdauungsdrüsen nicht auf die Erforschung der Säfte und deren Kombinationen beschränkt; sie muss die Bedingungen der Drüsenfunktion sowie den Charakter ihrer Reize und den Ort ihrer Anwendung feststellen."[21]

Forschungsverfahren betreffs der digestiven Funktionen, die von Pawlow verwendet wurden, waren wesentlich mit seinen theoretischen Vorstellungen von der Verdauung als von einem auf der Basis bestimmter Grundsätze funktionierenden ganzheitlichen Selbstregulationssystem verbunden.

Die Verdauungsphysiologie hatte vor den Forschungen Pawlows einen analytischen Charakter, da sie getrennt die Funktionen der einzelnen Organe außerhalb des ganzheitlichen Systems untersucht hatte.

„Die Wissenschaft", notierte er, „hat ja noch nicht versucht, und konnte es bisher auch nicht wagen, zur Synthese der realen Verdauung zu schreiten, d. h. die oft widerstrebenden Interessen aller Nahrungsstoffe untereinander, sowie diejenigen des Verdauungskanals und des Gesamtorganismus zu vereinigen."[22] Das Ziel der von ihm geschaffenen synthetischen Verdauungsphysiologie sah er darin, dass man von einem einheitlichen Standpunkt aus „die Bedeutung jedes Organs aus der Sicht seiner natürlichen Funktion beurteilen und seinen Platz sowie das ihm entsprechende Maß zeigen konnte."[23]

---

[21]*Anthologie der Geschichte der russischen Chirurgie*, Bd. I, S. 359 – 360.
[22]*Die Arbeit der Verdauungsdrüsen. Vorlesungen*, S. 158.
[23]*Anthologie der Geschichte der russischen Chirurgie*, Bd. I., S. 462.

Der Grundsatz der phasenhaften Abfolge der Verdauungsprozesse und Selbstregulation der Verdauungsorgane

Dem Grundsatz der phasenhaften Abfolge des Digestionsprozesses und der Selbstregulation der Organe wurden qualitativ neue, von sämtlichen früheren Vorstellungen der Tätigkeit des Organismus abweichende Ideen zugrunde gelegt. Bei der Festlegung dieses Grundsatzes wurde der internationale Stand des Wissens berücksichtigt. Pawlow schätzte alles hoch ein, was seine Vorgänger geschaffen hatten, und verstand dieses Wissen als Ausgangsbaustein in das System seiner eigenen Forschungen einzufügen. Er wäre kein hervorragender Denker geworden, wenn er sich die Ideen der Neuerer weder angeeignet noch das uminterpretiert hätte, was in seiner Epoche den allgemeinen Geist und das Niveau der Wissenschaftsentwicklung bestimmte.

Auf welche Arbeiten und auf welche Ideen stütze sich Pawlow? Was wurde zum Ausgangspunkt seiner Forschungen? Nach unserer Auffassung diente Folgendes als theoretische Voraussetzung für seine Forschungen zu den Verdauungsfunktionen:

Erstens: Experimentelle Angaben von Heidenhain, die davon zeugen, dass die Magentätigkeit etappenweise in periodischen Einzelprozessen erfolgt, deren Beginn jeweils mit einem spezifischen Reiz verbunden ist. In der sechsten der *„Die Arbeit der Verdauungsdrüsen. Vorlesungen"* erläuterte Pawlow: „Von anderen Forschern müssen wir noch Heidenhain nennen, der die Physiologie der Absonderungen überhaupt bereichert und speziell betreffs der sekretorischen Arbeit des Magens wichtige Thatsachen mitgeteilt und fruchtbringende Gedanken in Umlauf gesetzt hat. Von ihm gingen einige neue Thatsachen und die Idee aus, den sekretorischen Prozess nach Perioden und Erregern zu gliedern, sowie der Gedanke, dass es wichtig sei, die verschiedenen Nahrungsmittel einzeln hinsichtlich der Arbeit des Magens zu untersuchen."[24]

Als Ergebnis seiner zahlreichen Forschungen bewies Pawlow, dass die Magenfunktionen intern strukturiert sind, in einer streng geregelten Folge in einzelnen Schritten erfolgen und die Tätigkeit bei jedem dieser Schritte ihren spezifischen auslösenden Reiz besitzt. Diese Auffassung bezüglich der phasenhaften Abfolge der Magentätigkeit dehnte er auf das gesamte Verdauungssystem aus.

Durch strenge und präzise experimentelle Forschungen zeigte er, welche Faktoren als spezifische Reize für jeden einzelnen Schritt innerhalb des Verdauungsprozesses gelten. Dies alles galt als Grundlage für seine Festlegung allgemein gültiger Gesetze zur Abfolge von Verdauungsfunktionen.

Zweitens: Die wichtigste theoretische Quelle von Pawlows neuer Verdauungsphysiologie waren die Ideen der Selbstregulation der Funktionen des Organismus, die in der

---

[24]*Die Arbeit der Verdauungsdrüsen. Vorlesungen,* S. 145–146.

zweiten Hälfte des 19. Jahrhunderts die Physiologie veränderten und an deren Entwicklung er selbst aktiv teilnahm.

In den 1850er Jahren hatte Claude Bernard die Lehre von der Konstanz des inneren Milieus des Organismus geschaffen und den Mechanismus der Selbstregulation des Blutzuckes und der Aufrechterhaltung der Körpertemperatur bei warmblütigen Wirbeltieren entdeckt. Er machte auch auf die Mechanismen zur Aufrechterhaltung des arteriellen Blutdrucks innerhalb vorgegebener Grenzen aufmerksam.

In den 1860er bis 1880er Jahren erzielte eine Reihe von Physiologen (vor allem Carl Ludwig) interessante Untersuchungsergebnisse, die die Aufrechterhaltung des Blutdrucks auf einem bestimmten Niveau und innerhalb definierter Grenzen erklärten. An diesen Forschungen nahm Pawlow aktiv teil. Dabei war sein Interesse an Regulationsmechanismen des Blutdrucks keine zufällige Episode in seinem wissenschaftlichen Schaffen. 1882 schrieb er: „Seit Jahren wird meine Aufmerksamkeit von der Regulation des Blutdrucks gefesselt."[25]

Im Aufsatz „*Der Vagus als Regulator des Blutdrucks*" präsentierte er eine verallgemeinernde Charakteristik der Beiträge zur Selbstregulation des arteriellen Blutdrucks und hob seine Verdienste bei der Ausarbeitung dieser Frage hervor. Er schrieb: „Nach Bernard gehört der Blutdruck zu den konstanten Werten eines warmblütigen Organismus wie zum Beispiel auch die Temperatur. Und in der Tat hat die Physiologie der Ludwig-Schule den Beweis zu verdanken, dass das Blutgefäßsystem fähig ist, die Höhe des Blutdrucks bei bedeutenden Änderungen der Blutmenge durch Aderlass oder Transfusionen aufrecht zu erhalten. Im Anschluss an diese Beiträge zeigte ich, dass der Blutdruck auch bei normalen Lebensvorgängen innerhalb von langen Zeiträumen und unter sehr unterschiedlichen Bedingungen auf einem bestimmten Niveau konstant bleibt."[26]

Bei der Erforschung der Mechanismen der Steuerung des arteriellen Blutdrucks beachtete Pawlow Elemente des Selbstregulationsprozesses wie die „gegensteuernden" Reflexe, die er als „Erregung der Nerven, die in Gegenrichtung tätig sind", beschrieb. Im Jahr 1879 veröffentlichte er in „*Pflügers Archiv*" den Aufsatz „*Zur Lehre über die Innervation der Blutbahn*", in dem er festhielt: „Bei 120 mm und niedriger werden wahrscheinlich Bedingungen für eine Nervenerregung geschaffen, die in die Gegenrichtung – also blutdrucksteigernd – wirken (leider sind ähnliche Mechanismen noch nicht ausreichend geklärt); folglich muss der Blutdruck nach der Beseitigung dieser Regler unter die Norm fallen."[27]

Ausführlicher und zusammenfassend beschrieb er 1912 den Mechanismus der Blutdruckregulation. In einer Vorlesung für Studenten der Militärmedizinischen Akademie sagte er: „Sie sehen somit die Tatsache der Kopplung von zwei Reflexen. Durch einen

---

[25]Pawlow, I. P., *Gesammelte Werke,* Bd. I, S. 69.
[26]Pawlow, I. P., *Gesammelte Werke,* Bd. I, S. 308.
[27]Pawlow, I. P., *Gesammelte Werke,* Bd. I, S. 67.

Reiz errege ich den Nervus ischiadicus und löse damit einen Reflex aus, und das Ergebnis dieses Reflexes – die Erhöhung des Blutdrucks – führt zu einem anderen Reflex, an dem der Nervus depressor cordis beteiligt ist. Vor Ihnen stehen zwei gekoppelte Reflexe, das Ende eines Reflexes gilt hierbei als Anfang des anderen."[28]

Der von Pawlow beschriebene Prozess der Selbstregulation des arteriellen Blutdrucks hat einen zyklischen Charakter und erfolgt mit Hilfe von „steuernden" und „gegensteuernden" Reflexen (in der modernen Terminologie „Kopplungs"- und „Rückkopplungs"-Verbindungen). Von ausschlaggebender Bedeutung ist hierbei das Ergebnis als der Zeitpunkt, der einen neuen Zyklus der Selbstregulationstätigkeit initiiert.

Ob die Mechanismen der Selbstregulation, die bei der Erforschung des konstanten Blutdrucks im Zusammenhang mit der Tätigkeit des Verdauungssystems entdeckt wurden, funktionieren? Diese Frage beantwortete Pawlow eindeutig positiv. „Wenn es für viele Organe", notierte er, „zweifellos bewiesen ist, dass sich die Nerven, die sie regieren, antagonistisch in zwei Gruppen teilen, warum sollte nicht dasselbe auch für die Drüsen zu Recht bestehen? Vielleicht ist sogar ein solcher Antagonismus als allgemeines Innervationsprinzip aufzufassen."[29]

Eine andere Idee, die eine bedeutende Rolle beim Aufbau der neuen Verdauungsphysiologie durch Pawlow spielte und die seinen Vorgängern und Zeitgenossen in dieser Form nicht gekommen war, betrifft die Rolle *Nervus vagus*.

Die Erkenntnisse und Ideen, über die Pawlow schrieb, hatten einen analytischen Charakter. Sie stellten lediglich Bausteine dar, aus denen ein ganzes Gebäude der synthetischen Verdauungsphysiologie errichtet werden kann. Seine Vorgänger und Zeitgenossen hatten keinen Plan für die Errichtung eines solchen Systems. Sie verfügten weder über einen „Mörtelstoff", der einzeln funktionierende Teile zu einem unteilbaren Ganzen verbinden würde, noch über einen „Motor" oder „Kräfte", mit deren Hilfe einzelne Baustoffe auf konsequent zu errichtende „Stockwerke" eines Gesamtkonzeptes gehoben werden konnten.

Das Genie Pawlows bestand darin, dass er aus einzelnen theoretischen Voraussetzungen und Erkenntnissen mit adäquaten experimentellen Methoden auf der Grundlage eines neuen, von ihm selbst ausgearbeiteten Grundsatzes die Funktion des gesamten Verdauungskanals in seiner Eigenschaft als ein funktionierendes System vorstellen konnte – ein System, dass sich selbst steuert und sich selbst regelt. Der Grundsatz, den er diesem System zugrunde legte, war, wie oben erwähnt, der Grundsatz der phasenhaften Abfolge des Verdauungsprozesses und der Selbstregulation der Verdauungsorgane. Dieser Grundsatz kann nicht nur auf die Art der Reflexe (Reiz – Reaktion) zurückgeführt werden. Er ist lediglich ein Phänomen der Selbstregulation auf der Grundlage von Kopplungs- und Rückkopplungsverbindungen. Die genannten Formen der Tätigkeit und der Selbstregulation wurden von Pawlow in den Grundsatz der phasenhaften Abfolge des

---

[28]Pawlow, I. P., *Gesammelte Werke,* Bd. V, S. 475.
[29]*Die Arbeit der Verdauungsdrüsen. Vorlesungen,* S. 76.

Verdauungsprozesses und der Selbstregulation der Verdauungsorgane als untergeordnete und einzelne Momente eingeschlossen.

Der Grundsatz der phasenhaften Abfolge des Digestionsprozesses und der Autoregulation der Verdauungsorgane liegt den sich selbst steuernden Systemen zugrunde. Die Tätigkeit der einzelnen Elemente (Teile) dieser Systeme erfolgt in einer bestimmten Reihenfolge in der Weise, dass das Ergebnis der Tätigkeit des vorangehenden Elements gleichzeitig die Ursache für die Tätigkeit des folgenden Elements und ein Faktor der Selbstregulation des funktionierenden Teils ist.[30]

Der Grundsatz der etappenweisen Abfolge des Verdauungsprozesses und Selbstregulation der Digestionsorgane galt als eine Leitidee bei der Erforschung der Verdauungsfunktionen. Diese Idee wurde im Rahmen von Pawlows Forschung als Ensemble von nachgewiesenen Erkenntnissen umgesetzt, aus deren theoretischer Grundlegung in Form eines straffen wissenschaftlichen Systems seine Verdauungslehre folgte.

Die Erforschung des gesamten Verdauungsprozesses begann er mit der Untersuchung des Fütterungsaktes. Zu der Zeit, als er anfing, sich mit dem Verdauungsproblem zu befassen, verfügte die Physiologie bereits über wesentliche Methoden zur Untersuchung der Speicheldrüsenfunktion. Die Tätigkeit dieser Drüsen erfolgt reflektorisch: Die Nahrung mit ihren spezifischen mechanischen und chemischen Eigenschaften löst die jeweilige Tätigkeit der Speicheldrüsen aus. Wie Pawlow betonte, löst der Speichel einen Teil der Nahrungsstoffe und erleichtert dadurch das Erkennen der chemischen Zusammensetzung der Nahrung, fördert ihre mechanische Bearbeitung und beseitigt die physikalischen Eigenschaften, die für ihre Verarbeitung im Magen-Darm-Kanal hinderlich oder sogar schädlich sind.

Im Speichel sind Enzyme enthalten, die eine chemische Bearbeitung der Nahrung im Mund fördern. Die Bedeutung von Speichel als Ergebnis der Tätigkeit der Speicheldrüsen wird nicht auf dessen Funktionen in der Mundhöhle beschränkt. Wie mehrere Forschungen Pawlows und seiner Mitarbeiter zeigten, spielt der Speichel auch eine Rolle als Reiz für die Magendrüsenfunktion, d. h. des nächsten Verdauungsorgans im Anschluss an die Bearbeitung der Nahrung in der Mundhöhle.

Vor seinen Forschungen gab es skizzenartige Angaben zur Funktion der Magendrüsen. Wie oben erwähnt, erfüllten bis dahin die Versuche mit der Magenfistel aus einer Reihe von Gründen die Erwartungen der Experimentatoren nicht. Die erste Frage, die bei der Erforschung der Magensekretion entsteht, ist das Problem, wodurch der Beginn der Verdauungstätigkeit im Magen verursacht wird. Viele Physiologen waren der Auffassung, dass als Ursache der Verdauungstätigkeit im Magen mechanische und andere Eigenschaften der Nahrung infrage kämen, die unmittelbar auf die Magenschleimhaut

---

[30]In allgemeiner Weise formulierte Pawlow den Grundsatz der phasenhaften Abfolge der Digestionsprozesse und der Autoregulation der Verdauungsorgane in den „Die Arbeit der Verdauungsdrüsen. Vorlesungen". *Anthologie der Geschichte der russischen Chirurgie*, Bd. I, S. 222.

einwirkten. Die Erkenntnis, die die weitere Richtung der wissenschaftlichen Suche bestimmte, war das Phänomen des sogenannten psychischen Magensaftes: „In Pepsindrüsen genauso wie in Speicheldrüsen verursacht alleine das Sehen der Nahrung [...] oder die Wirkung der Letzteren auf ein anderes Sinnesorgan die Saftabsonderung; dies ist die so genannte psychische Sekretion des Magensaftes, auf die Bidder und Schmidt bereits im Jahre 1851 hingewiesen haben."[31]

Echte Forschungen zur psychischen Sekretion der Magendrüsen wurden erst nach der Entwicklung der „Scheinfütterungs"-Methode möglich. Die Scheinfütterung in Verbindung mit der Magenfistel bot die Möglichkeit für die Untersuchung der Wirkung eines Faktorenkomplexes, die bei dem Fütterungsprozess entsteht und die Magenverdauung auslöst, da die Nahrung nicht in den Magen gerät. Es stellte sich heraus, dass der Genuss der Nahrung und sein Zusammenwirken mit den entsprechenden Rezeptoren in der Mundhöhle den Beginn der Magensaftabsonderung bei entsprechendem Appetit darstellen. Aus diesem Grund beginnt die Sekretion des sogenannten Appetitsaftes („Zündsaft" im Magen), „der einzige Initiator des sekretorischen Prozesses und zugleich die notwendige Bedingung seiner Fortsetzung, denn wenn die Verdauung dieser Speisen unter seiner Beihilfe eingeleitet ist, so kann sie spontan fortgehen."[32]

Dem Appetit wurde von Pawlow eine große Bedeutung im Verdauungsprozess beigemessen, da er ihn als ein Glied ansah, das die Beschaffung der Nahrung mit der Anfangsetappe ihrer Verarbeitung im Magen verbindet: „Durch den leidenschaftlichen Instinkt der Esslust", schloss Pawlow, „hat die beharrliche und unermüdliche Natur das Suchen und Finden der Nahrung mit dem Anfang der Verdauungsarbeit verknüpft."[33]

Die Wirkung des Fütterungsaktes auf die Magendrüsen erfolgt durch den Vagus. Bei einem vor der Scheinfütterung durchtrennten Vagus wurde kein Zündsaft, kein Appetitsaft abgesondert. Durch eine Scheinfütterung konnte man den Nullpunkt der Saftabsonderung, die Menge und die Qualität des Magensaftes bei Zuführung verschiedener Nahrungsarten ermitteln. Pawlows Versuche zeigten, dass dieser Prozess so regelhaft abläuft, dass es eine bestimmte Zeitspanne für seinen Beginn, die Dauer, das Maximum der Saftabsonderung und das Ende des Prozesses gibt, und zwar für jegliche Art von Nahrung.

Ferner stellte sich heraus, dass sich sowohl die Menge als auch die Qualität des Magensaftes je nach Art der Nahrung ändern.

Bei der Fütterung des Hundes mit Fleisch entfiel beispielsweise die maximale Absonderung bald auf die erste, bald auf die zweite Stunde; bei der Brotverdauung entfiel die maximale Absonderung auf die erste Stunde und bei der Milchverdauung auf die zweite und sogar auf die dritte Stunde. Die Konzentration des Magensaftes änderte sich auch, d. h. jeder Art von Nahrung entsprach eine eigene Art von Absonderung des

---

[31]Pawlow, I. P., *Gesammelte Werke,* Bd. II, Buch 2, S. 482.
[32]*Die Arbeit der Verdauungsdrüsen. Vorlesungen,* S. 132.
[33]*Die Arbeit der Verdauungsdrüsen. Vorlesungen,* S .97.

Magensaftes: Aus diesen Angaben folgerte Pawlow, dass „die Arbeit der Verdauungsdrüsen [...] in hohem Grade elastisch, dabei charakteristisch, genau und zweckentsprechend ist."[34]

Er bewies zudem, dass der psychische Saft den gesamten Verdauungsprozess im Magen nicht sicherstellen kann, da er erstens nicht während der ganzen Zeit der Magenverdauung abgesondert wird und zweitens einen unspezifischen Charakter hat, d. h., er besitzt mehr oder weniger die gleiche Verdauungskraft bei verschiedenen Arten der Nahrung. Dies alles brachte ihn auf die Idee, es müsse „die Verschiedenheit des Verdauungsvermögens des Saftes, der in den späteren Stunden nach Genuss der Speise sezerniert wird, in einer ungleichen chemischen Wirkung der verschiedenen Speisen begründet sein."[35]

Es wurde klar, dass nach der Beendigung der ersten (psychischen) Phase der Magenverdauung die zweite (chemische) Phase beginnt. In dieser Zeit befindet sich die Nahrung im Magen. Die Methode der Scheinfütterung lieferte hier keine hinreichenden Informationen. Für die Erforschung der Verdauung in dieser Phase musste man deshalb eine spezifische Methode für die Beschaffung des reinen Magensaftes finden. Vor Pawlow gab es diese Methode nicht. Für die Lösung der Frage schuf er den nach ihm benannten kleinen Magen.

Vorstehend haben wir die Aufmerksamkeit auf die historischen Erkenntnisse, mit deren Hilfe Pawlow seinen kleinen Magen schuf, gelenkt. Dank dieser „Kopie", dem „Spiegel" des großen Magens, konnte man nun den gesamten Prozess der Magenverdauung erforschen. Durch die Scheinfütterung erzielte Erkenntnisse betrachtete er als analytische Angaben, da sie lediglich eine Vorstellung von der Anfangsetappe der Magenverdauung vermittelten. Durch den kleinen Magen und die Scheinfütterung erzielte Erkenntnisse sah er dagegen als synthetische Angaben an, d. h. als diejenigen, die eine Vorstellung vom gesamten Prozess der Magenverdauung vermittelten.

Wie die experimentelle Praxis zeigte, „muss diese Methode, einen isolierten kleinen Magen zu bilden, als einzig mögliche und im Prinzip richtige anerkannt werden."[36]

Auf der Grundlage einer adäquaten Forschungsmethode konnte Pawlow ermitteln, wie die Arbeit der Magendrüsen in der zweiten, der chemischen Phase der Magenverdauung erfolgt.

Was erwies sich denn als spezifischer Reiz der Magendrüsen in dieser zweiten Phase? Als ein solcher Faktor erwies sich das Ergebnis der Nahrungsverdauung unter dem Einfluss des Zündsaftes (Appetitsaft). Das waren vor allem Peptone, die als Ergebnis der Proteinspaltung unter dem Einfluss des Eiweißfermentes Pepsin entstanden. Die Reaktionsart war folgend: die Einwirkung von Appetitsaft (erste Phase der Magensekretion) auf Proteine (Peptone) bewirkt die Absonderung von dem zu zweiter Verdauungsphase gehörigen Magensaft.

---

[34]*Die Arbeit der Verdauungsdrüsen. Vorlesungen,* S. 46.
[35]*Die Arbeit der Verdauungsdrüsen. Vorlesungen,* S. 133.
[36]*Die Arbeit der Verdauungsdrüsen. Vorlesungen,* S. 19.

Aus dem Magen gelangt die Nahrung in den Zwölffingerdarm. Bekanntlich erreicht die Nahrung das Duodenum mit Unterbrechungen; die Nahrung geht aus dem Magen in einzelnen Portionen in den Darm über.

Die Vorgänger von Pawlow, Girisch und Mehring, stellten fest, dass der Übergang des Mageninhalts in den Zwölffingerdarm durch den oberen Darmteil geregelt wird, der den Übergang von Chymus aus dem Magen vorübergehend einstellt, indem er den Magenpförtner verschließt. Pawlow und seine Mitarbeiter bewiesen, dass dieser Reflex von der Schleimhaut des Zwölffingerdarms, der die Überführung der Nahrungsmasse in den Darm regelt, durch den Einfluss der sauren Reaktion des Mageninhalts ausgelöst wird.

Es stellte sich heraus, dass der wichtigste Faktor bei der Regulation des Transports der Nahrungsmasse in den Darm und der Stimulator, der die Aktivität auslöst, nicht eine Eigenschaft der Nahrung, sondern die Salzsäure, die von den Magendrüsen produziert wird, ist: „Der stärkste Reiz für die Tätigkeit des Pankreas sind die Säure und die Nahrung, die mit dem Magensaft verarbeitet wurden; sie treten in den Zwölffingerdarm in saurer Reaktion über", so Pawlow.[37]

Ursprünglich war man in Pawlows Labor der Meinung, dass die Säure des Magensaftes beim Kontakt der Schleimhaut des Zwölffingerdarms mit Nerven eine reflektorische Absonderung des Pankreassaftes hervorriefe. Im Jahre 1902 zeigten die englischen Forscher Bayliss und Starling, dass in diesem Fall ein anderer Mechanismus wirksam ist. Es stellte sich heraus, dass in der Mukosa des Duodenums und des Jejunums ein Stoff enthalten ist, der sich unter dem Einfluss der Säure in einen aktiven Reiz für die Pankreasfunktion verwandelt. Dieser Stoff wurde Sekretin genannt.

Warum gilt gerade eine saure Reaktion (und keine andere Eigenschaft der aus dem Magen in den Dünndarm gelangten Nahrung) als der wichtigste Reiz für die Tätigkeit der Bauchspeicheldrüse? Pawlow sah den biologischen Sinn dieser Erscheinung in Folgendem: Im Pankreassaft befinden sich Fermente, die ihrer chemischen Natur nach Eiweiße sind. Im sauren Milieu wären sie dem zerstörenden Einfluss von Pepsin ausgesetzt. Der Übergang des Chymus aus dem sauren Milieu in das alkalische neutralisiert die Wirkung von Pepsin und ermöglicht die Wirkung der Pankreasfermente auf die Nahrung. Deshalb, so Pawlow, wirkt der Pankreassaft wie Soda, wie Lauge. Die Neutralisierung der Nahrung im sauren Milieu des Zwölffingerdarms nach dem Prinzip der positiven Rückkopplung wirkt auf den Pförtner und die nächste Portion des Mageninhalts gelangt in den Darm. Somit erfolgt die Bewegung der Nahrung aus dem Magen in den Darm nach dem Prinzip der Autoregulation. Das Ergebnis der Tätigkeit der Magendrüsen, die saure Nahrung, ruft, wenn sie in den Darm gelangt, einen rückwärtig bremsenden Reflex auf den Pylorus hervor. Das Ergebnis der Tätigkeit des Pankreas, das alkalische Milieu, ruft einen positiven rückläufigen Reflex auf den Pylorus-Teil des Magens hervor und in den Darm gelangt eine neue Portion von Chymus. Auf diese Weise funktioniert der Mechanismus der Selbstregulation des Nahrungsübergangs aus dem Magen in den Darm.

---

[37]Pawlow, I. P., *Gesammelte Werke,* Bd. V, S. 176.

„Deshalb kann man sich vorstellen", folgerte Pawlow, „dass der Pankreassaft, der durch die Magensäure getrieben wird, sie durch sein Alkali neutralisiert und sich dadurch eine geeignete Reaktion schafft. Zu gleicher Zeit schützt sich hierdurch der Pankreassaft vor der zerstörenden Wirkung des Pepsins, denn die Neutralisation ist diesem Fermente wenig zuträglich."[38]

Dies bedeutet, dass der Sinn des Ablösung des sauren Milieus des Magens durch das basische Milieu im Darm sowohl in der Herstellung von günstigen Bedingungen für die Tätigkeit der Pankreasfermente als auch in der Neutralisierung von Pepsin als proteolytischem Ferment besteht.

Aber im Pankreassaft ist noch ein anderes proteolytisches Enzym, nämlich Trypsin, enthalten. Es spaltet auch die übrigen Fermente der Bauchspeicheldrüse. Unter diesen Bedingungen büßt die Neutralisierung von Pepsin ihren biologischen Sinn ein.

Wie die Forschung von Pawlow und seinen Mitarbeitern zeigte, wurde diese Aufgabe durch die raffinierte Natur wie folgt gelöst. Im Pankreassekret, das unmittelbar unter dem Einfluss der Säure abgesondert wird, existiert das Trypsin nicht in seiner aktiven Form, sondern in Form des Proenzyms Trypsinogen, das in diesem Zustand seine proteolytische Wirkung nicht besitzt. Es bedarf der Wirkung eines anderen Stoffes, eines anderen Faktors, der das Trypsinogen in das Trypsin verwandelt. In Pawlows Labor von wurde dieser Stoff als Enterokinase bezeichnet.

Im alkalischen Milieu des Darms werden Eiweiße, Stärke und Fette durch Pankreasfermente gespalten. Sie werden in einfachere chemische Stoffe verwandelt, die im Darm leicht ins Gewebe des Organismus übergehen.

Bei der Erforschung des gesamten Mehrphasenprozesses der Verdauung wurde festgestellt, dass nicht sämtliche Nahrungskomponenten in den verschiedenen Teilen des alimentären Kanals auf die gleiche Weise in Stufen verarbeitet werden. Wesentliche Besonderheiten wurden beim Verdauungsprozess von Fetten entdeckt. Es stellte sich heraus, dass die Funktion der Magendrüsen und die Absonderung des Magensaftes durch Fette gebremst werden. Im Pawlowschen Labor wurde nun die Rolle der Fette für die Drüsentätigkeit in verschiedenen Abschnitten des Digestionstraktes untersucht. Es wurde aufgedeckt, dass die Fette dann ihre Funktion entfalten, wenn sie sich im Zwölffingerdarm befinden. Von dort aus rufen sie einen bremsenden Rückreflex für die Magensekretion hervor; gleichzeitig wird die Funktion des Pankreas stimuliert. Ihr Effekt ist dann ähnlich der Wirkung der Säure. Unter dem Einfluss eines spezifischen Enzyms, der Lipase, werden die Fette in einfachere Stoffe zerkleinert, die ihrerseits eine stimulierende Rückwirkung auf die Tätigkeit der Magendrüsen ausüben.

Am Beispiel der Fettverdauung wird der Grundsatz der phasenhaften Abfolge des Prozesses und der Autoregulation deutlich erkennbar: Fett als zusammengesetzter chemischer Stoff bremst von der Oberfläche des Zwölffingerdarms her die Aktivität der Magendrüsen durch den Rückreflex. Das Ergebnis der Verdauung der Fette unter dem

---

[38]*Die Arbeit der Verdauungsdrüsen. Vorlesungen*, S. 155.

Einfluss der Lipase stimuliert – im Sinne einer positiven Rückkopplung – die Magendrüsen, welche die Säure produzieren.

Der biologische Sinn dieses Prozesses ist klar. Die Fette werden unter dem Einfluss von Pepsin nicht gespalten, deswegen wäre eine Reaktion der Magendrüsen auf die Zufuhr von Fetten „sinnlos". Die „Begegnung" der Fette mit der Lipase dagegen stimuliert die Magendrüsen und fördert die Spaltung der im Magen befindlichen Eiweiße.

Bei der Darstellung der Rolle des Zwölffingerdarms als Teil des Verdauungskanals bezeichnete Pawlow diesen als „gescheit". Am Beispiel der Funktion dieses Organs ist nicht nur eine äußerst feine Justierung der einzelnen Teile des Verdauungssystems, „sondern auch der mechanische Charakter der Vorgänge im Magen und Darm […] sichtbar, eine Tatsache, die gleichzeitig die feine Abstimmung des Mechanismus und seinen mechanischen Charakter zeigt."[39]

Bei der Erforschung und Entdeckung der Funktionsmechanismen einzelner Teile und des Verdauungssystems als Ganzes stellte sich Pawlow die folgende Frage: Welche Komponente der gesamten phasenhaften Abfolge und der Selbstregulation des Systems erzeugt eine zweckmäßige Funktion? Diese Frage wurde von ihm eindeutig beantwortet: Die Perzeption der Funktionsreize durch einzelne Glieder des gesamten Systems. „Die grösste Bedeutung", schrieb er, „ist dem Umstand beizulegen, dass die peripheren Endigungen der centripetalen Nerven zum Unterschiede von den Nervenfasern, die allgemein erregbar sind, nur spezifische Reize aufnehmen, d. h. nur, oder hauptsächlich, bestimmte Arten von äusseren Reizen in den nervösen Prozess umzusetzen vermögen. Deshalb ist die Thätigkeit der von ihnen (den Endapparaten) abhängigen Organe eine zweckmässige; d. h. sie wird nur von bestimmten Bedingungen ausgelöst und imponiert uns daher als zielbewusste, vernünftige."[40]

In der vorstehenden kurzen Analyse von Pawlows Arbeiten zur Physiologie der Verdauung versuchten wir darzustellen, wie im Prozess der komplizierten wissenschaftlichen Arbeit der Grundsatz der phasenhaften Abfolge von Verdauungsprozessen und der Autoregulation der Digestionsorgane gefunden wurde. Zudem sollte gezeigt werden, wie dieser Grundsatz mithilfe der von Pawlow entwickelten Methoden der experimentellen Forschung, d. h. der Bearbeitung experimenteller Aufgaben und der grundsätzlich neuen theoretischen Verallgemeinerungen, in die Medizin eingeführt wurde.

Wie definierte Pawlow selbst den wesentlichen Schwerpunkt dessen, was er im Bereich der Physiologie der Verdauung erreicht hatte? Im Vortrag zum Andenken an S. P. Botkin im Jahre 1899 bestimmte er das Gesamtergebnis seiner Forschungen wie folgt: „Somit stellen sämtliche chemischen Verdauungsagentien eine Art der Assoziation dar, indem sie sich bald anheften, bald ablösen, bald einander gegenseitig unterstützen.

---

[39]Pawlow, I. P., *Gesammelte Werke,* Bd. V, S. 250.
[40]*Die Arbeit der Verdauungsdrüsen. Vorlesungen,* S. 82.

Ich erlaube mir, diese reale Synthese der Verdauung für das wichtigste Ergebnis unserer Bemühungen im Labor zu halten."[41]

Pawlow betrachtete weltanschauliche, theoretische und methodische Ansätze als allgemeine Grundsätze der Funktionserforschung des gesamten Organismus, sprich: seiner sämtlichen Systeme. Er sah diese überhaupt als ein neues Paradigma physiologischer Forschung an: „Zugleich kann ich es nicht außer Acht lassen, dass das diesen Arbeiten zu Grunde liegende Verfahren auch für andere Bereiche der Physiologie als fruchtbar angesehen werden muss. Nur bei der Betrachtung eines gesamten, eines normalen Vorgangs in dem einen oder anderen Teil des Organismus unterscheiden wir ohne Schwierigkeiten das Zufällige vom Wesentlichen, das Künstliche vom Normalen, finden wir leicht neue Erkenntnisse und bemerken wir oft und rasch Fehler. Die Idee der allgemeinen und gemeinsamen Funktion der Teile hellt das zu erforschende Gebiet deutlich auf."

Die Vagotomie

Die Vagusdurchschneidung, die stets zum Tod der Versuchstiere führte, war bereits lange vor Pawlows Experimenten ein Forschungsgebiet von Physiologen. Er untersuchte die Funktionen des Nervus vagus schon zu einer Zeit, als er sich mit der Physiologie des Herz-Kreislauf-Systems beschäftigte. Sein Interesse an der Vagotomie entstand auf gleichsam natürliche Weise im Forschungsprozess zu den Wirkungen des *Nervus vagus* auf die Verdauung. In den *„Die Arbeit der Verdauungsdrüsen. Vorlesungen"* berichtete er: „Während dieser Vorlesungen, als ich unsere alten Versuche mit Vagusdurchtrennungen hinsichtlich des sekretorischen Effektes der Scheinfütterung demonstrierte, stellte ich einen Hund mit einer schweren Störung der Verdauungsfunktion des Magens vor – ein Faktum, das mir aus meiner eigenen Erfahrung und aus den Erklärungen zahlreicher anderer Autoren (besonders Ludwig und Kreil) bekannt war. Ich beschloss, die Verdauung des Tieres zu ermöglichen, indem ich mich auf neue Erkenntnisse stützte. Da bei Hunden mit Vagusdurchtrennung die anatomische Voraussetzung für die Absonderung des Magensaftes vollkommen und für immer fehlt, bemühte ich mich, diesen fehlenden natürlichen Mechanismus durch einen künstlichen zu ersetzen."[42]

Aus den oben angeführten Worten ist ersichtlich, dass sich Pawlow an die Lösung eines hundertjährigen Problems begab, ausgehend von neuen Grundsätzen zur Verdauung und auf neuen Methoden zu deren Untersuchung basierend. Dies ermöglichte die Erklärung der Todesursachen bei der Vagotomie und die Entwicklung eines Verfahrens, um dem Ableben der Versuchstiere entgegenzuwirken.

---

[41]*Anthologie der Geschichte der russischen Chirurgie,* Bd. I, S. 509.
[42]*Anthologie der Geschichte der russischen Chirurgie,* Bd. I, S. 509–510.

Pawlow hielt die eingehende Untersuchung der Geschichte für eine wichtige Voraussetzung eigener Forschungen zum Vagotomieproblem. Er analysierte alles Wesentliche, was dazu in der Historie der Physiologie vor ihm geleistet worden war; er prüfte sämtliche den Tod nach einer Vagotomie betreffende Aspekte. Bei dieser Analyse ging er von der Tatsache aus, dass die Vielfalt der Gesichtspunkte unter anderem durch die komplizierte anatomische Struktur und die Vielfalt der Funktionen des Vagus zu erklären wäre. Gerade aus diesem Grund sahen verschiedene Autoren die Todesursache in der Schädigung von Funktionen ganz unterschiedlicher Organe, die durch den Vagus innerviert werden.

Die früheste Theorie, die den Tod der Tiere nach der Vagotomie zu erklären versuchte, war die Vermutung von Legallois, derzufolge das Ableben der operierten Tiere infolge einer Lähmung des Kehlkopfs und einer Asphyxie eintrat. Diese Ursache ist jedoch leicht durch eine Tracheotomie zu beseitigen, deswegen wurde diese Hypothese nicht für eine ausreichende Erklärung gehalten.

Andere Autoren sahen die Todesursache in Veränderungen, die in der Lunge eintraten. Wie Pawlow bemerkte, entbrannte darüber 1849/50 eine Auseinandersetzung zwischen Traube und Schiff. Traube war der Auffassung, dass infolge der Schädigung der Funktionen der Stimmritze ein Teil der Nahrung in die Lunge gerate, dort in Fäulnis übergehe und Entzündungen verursache; dies gelte als Todesursache bei den vagotomierten Tieren. Schiff hingegen war der Auffassung, dass der Tod die Folge einer Lähmung der Vasomotoren sei, was zu einer Verengung der Lungenalveolen und Bronchien führe. Aufgrund der Erweiterung der Blutgefäße sammle sich eine große Schleimmenge an, was zu einer besonderen Pneumonie als Todesursache der operierten Tiere führe.

Durch die Methode der Scheinfütterung widerlegte Pawlow eindeutig die Vorstellung, dass die Nahrung infolge der Vagotomie in Luftröhre und Lungen gelange. Durch die Anwendung einer einmaligen experimentellen Methode schloss er diese Möglichkeit aus. Er konnte zeigen, dass die Nahrung durch das Ösophagostoma herausfiel, ohne dass sie in die Lungen gelangte; das Tier starb offensichtlich an anderen Folgen der Vagotomie.

Der Vorstellung von einer Asphyxie durch in die Lunge gelangte Nahrung wurde somit jegliche Begründung entzogen.

Eine Reihe von Autoren war der Auffassung, dass der Tod durch Veränderungen im Herz-Kreislauf-System verursacht wurde. Eingehende experimentelle Forschungen zeigten jedoch, dass diese Änderungen nicht zum Tod führen konnten: Einige Tage nach der Operation war der Pulsschlag nahezu normal und im Herzmuskel konnten nur unwesentliche trophische Veränderungen beobachtet werden.

Den richtigen Weg schlugen nach Pawlows Meinung die Forschungen von Ludwig und Kreil ein. Diese Autoren schnitten den Nervus vagus in verschiedenen Höhen durch, um allmählich jene Zweige zu erreichen, die den tödlichen Ausgang der Operation verursachten. Bei der Durchtrennung unterhalb des Diaphragmas trat der Tod nicht ein. Ferner führten die Autoren die Durchschneidung im Brustbereich unterhalb des Abgangs von Lungenästen durch. Auch diese Operation blieb ohne tödlichen Ausgang. Bei der Durchtrennung des rechten Vagus unterhalb des *Nervus laryngeus inferior* und des linken Vagus am Hals (obwohl die Herzäste auf einer Seite erhalten wurden) starben alle operierten Tiere. Aus ihren Beobachtungen zogen Ludwig und Kreil die Schlussfolgerung, die Todesursache läge in Funktionsveränderungen des Verdauungskanals. Mithilfe einer Magenfistel konnte man die Verdauung im Magen beobachten.

Die Autoren registrierten hierbei keinen einzigen Fall einer sauren Reaktion des Mageninhalts. Immer trat Fäulnis der Nahrung im Magen ein. Diese Beobachtungen führten Ludwig und Kreil zu der Schlussfolgerung, dass eine Sepsis des Organismus infolge Verfaulens der Nahrung die wahrscheinliche Todesursache der Tiere bei der Vagotomie sei.

Pawlow überzeugte sich von der Richtigkeit der Schlussfolgerungen von Kreil und Ludwig durch das nachfolgend beschriebene Experiment. Wenn man dem Tier nach Vagotomie und Gastrostomie sowie nach Durchschneidung der Speiseröhre Fleisch in den Magen einbringt, beginnt keine Magenverdauung und die Nahrung verfault. Nach Pawlows fester Überzeugung führte eben diese Ursache zum Tod des Tieres.

Dank der Bemühungen von Generationen von Physiologen und vor allem dank der Forschungen von Kreil und Ludwig sowie von Pawlow selbst zog man eine eindeutige Schlussfolgerung: Die Ursache des Todes nach der Vagotomie ist eine Störung des Verdauungssystems.

Wie aber kann diese Ursache beseitigt werden? Wie kann man sie bekämpfen? Die Geschichte der Wissenschaft wusste keine Antwort auf diese Frage. Eine Antwort war nur durch eigene Forschungen von Pawlow zu suchen und vor allem im Grundsatz der phasenhaften Abfolge der Digestion und der Selbstregulation der Verdauungsorgane, in der Vorstellung von den zwei Phasen der Magenverdauung (der psychischen und der chemischen Phase) zu finden. „Jetzt befinde ich mich", schrieb er, „in der glücklichen Lage zu beweisen, dass jener Gedanke von Ludwig vollkommen richtig ist. Diese Möglichkeit habe ich erhalten, da ich in der letzten Zeit bei meinen Arbeiten zur Verdauung ziemlich tief in den Mechanismus der Verdauungsarbeit eingedrungen bin und alle dort aufgetretenen Störungen bewusst bis zu einem gewissen Grade kompensieren konnte. Nachdem ich dies alles getan hatte, erreichte ich, dass der Hund, der die Operation, wie sie auch Kreil und Ludwig durchführten, überstand, am Leben blieb."[43]

Worin sah Pawlow die Störung des Verdauungsmechanismus bei dem Hund nach der Vagotomie und wie gelang es ihm, diese Störung zu kompensieren?

Infolge der Vagusdurchschneidung verschwand die erste Phase, die erste neurogene Etappe der Magenverdauung – d. h. der Appetitsaft oder Zündsaft, der die zweite, chemische Phase der Magenverdauung auslöste und antrieb, indem er Eiweiße in Peptone spaltete. Pawlow rekonstruierte die normale Magenverdauung, indem er in

---

[43]*Anthologie der Geschichte der russischen Chirurgie,* Bd. I, S. 431.

den Magen der operierten Tiere Stoffe einführte, die diese Phase der Digestion wiederherstellten. Somit konnten die Tiere die Folgen der Vagotomie überleben.

Wir gestatten uns, ein längeres Zitat aus einer Arbeit von Pawlow anzuführen, in der die Maßnahmen eingehend beschrieben sind, die zum Erhalt des Lebens dieser Hunde führten. „Also", führte Pawlow aus, „jede Ernährung begann mit der Magenspülung. Dann, da wir wissen, dass vom *N. vagus* die anfängliche Absonderung des Magensaftes, die Absonderung des Zündsaftes ausgeht und sie ohne den *N. vagus* folglich nicht beginnt, bemühten wir uns, diesen Mangel zu beheben und führten Brühe in den Magen ein, wissend, dass dies einen chemischen Reiz für den Magen darstellt, einen Reiz, der die Magenarbeit wahrscheinlich durch den Sympathikus hervorruft. Nach der Einführung der Brühe ließen wir diese eine halbe Stunde lang im Magen, dabei untersuchen wir bequem mit einem Kautschukrohr und einem Trichter die Reaktion des Mageninhalts und bemerken, dass diese Brühe allmählich sauer zu werden begann. Nach einer weiteren halben Stunde ergab sich eine intensiv saure Reaktion. Uns gelang auf diese Weise, die Schleimhaut anzuregen, und wir führten als Nahrung bestimmte Stoffe ein. Danach, da wir wussten, dass die wesentlichen sekretorischen Nerven fehlten, bemühten wir uns, in einer oder in einhalb Stunden den Magensaft von anderen Hunden einzuführen, den wir durch die Scheinfütterung erhalten hatten."[44]

Die Untersuchung der Ätiologie und der Pathogenese des Magen- und des Zwölffingerdarmgeschwürs zeigte, dass die Hauptrolle bei diesem Prozess die verstärkte Sekretion, der erhöhte Säuregehalt des Magensaftes und seine Fähigkeit zur Verdauung der verletzten Schleimhaut des Magens spielten. Deswegen sah man in der Resektion eines Magenteils eine Möglichkeit zur Behandlung der Ulkuskrankheit. Aus Pawlows Forschungen zur Verdauungsphysiologie war bekannt, dass die Durchschneidung des *N. vagus* zur Verminderung der Magensaftsekretion und zur Herabsetzung seines Säuregehalts führt. Aus dieser Erkenntnis entstand der Gedanke, dass die Vagotomie zu einer chirurgischen Methode der Behandlung der Geschwürerkrankung werden kann. Und solche Operationen wurden durchgeführt, beginnend mit dem zweiten Jahrzehnt des 20. Jahrhunderts.

Die theoretische Grundlage dieser Operationen bildeten klassische Arbeiten von Pawlow zur Untersuchung der Rolle des *Nervus vagus* bei der Verdauung und besonders seine Arbeiten zur experimentellen Vagotomie.

In unserer Zeit sehen die meisten Chirurgen diese Arbeiten als den Beginn der experimentellen Begründung der Wahl der Behandlungsmethode und als Ausgangspunkt für die Analyse der Therapieergebnisse an. Bis vor kurzem gab es jedoch keine Literatur, in der die Bedeutung der Arbeiten Pawlows als theoretische Begründung der Vagotomie und ihrer Eignung als chirurgische Methode für die Behandlung der Ulkuskrankheit gewürdigt wurde. Aufgrund dieser Umstände ist der Vorrang des russischen Gelehrten Pawlow in diesem Bereich für manche Ärzte und Physiologen nicht ganz offensichtlich.

---

[44]*Anthologie der Geschichte der russischen Chirurgie,* Bd. I. S. 432.

Bei der Einschätzung seiner Entdeckungen zur Bedeutung der Vagotomie für die klinische Praxis heben wir folgende Hauptmomente nochmals hervor.

Erstens dienten Pawlows experimentellen Arbeiten zur Vagotomie als ethische Grundlage für die Anwendung als therapeutisches Verfahren. Nachdem die Experimente, die in den Jahren 1895 bis 1899 in seinem Labor durchgeführt worden waren, gezeigt hatten, dass das Leben der Tiere nach der Vagotomie zu retten war, konnte er mit voller Berechtigung erklären, dass „die geheimnisvolle Frage nach dem Tod der Tiere im Anschluss an die Vagotomie" endgültig gelöst worden war.

Zweitens stammt von ihm selbst die Idee von der klinischen Anwendung der Vagotomie. Nachdem er das Rätsel des Todes nach einer Vagotomie entschlüsselt und dieses Risiko ausgeräumt hatte, machte er den nächsten Schritt und empfahl die Anwendung der Vagotomie als chirurgische Behandlungsmethode. Zur Illustration seiner tiefen Überzeugung von der Zukunft der Vagotomie in der klinisch-chirurgischen Praxis führen wir seine Rede vom 23. Januar 1899 in der Diskussion zum Vortrag von P. E. Katschkowski *„Über das Überleben von Hunden nach der gleichzeitigen Durchtrennung der Nn. vagi am Hals"* an: „Letztlich", so Pawlow, „bin ich mit dem Referenten bezüglich der Anwendung dieser unserer Versuche in der Chirurgie nicht ganz einverstanden. Der Referent empfiehlt nicht die Anwendung der Vagotomie beim Menschen. Natürlich wird keiner zu einer derartigen Operation ohne ausreichende Gründe greifen. Es gibt jedoch außerordentliche Fälle, bei denen es keinen anderen Ausweg gibt, zum Beispiel, wenn ein Chirurg zufällig die beiden *Nn. vagi* durchgeschnitten hat. Nach den früheren Vorstellungen von dieser Verletzung wäre der tödliche Ausgang unvermeidlich; jetzt wäre es jedoch unwissenschaftlich, die Sache so zu betrachten. Jetzt werden die Bemühungen des Chirurgen, das Leben des Kranken zu erhalten, von Erfolg gekrönt, wie unsere Hunde deutlich beweisen."[45]

Drittens deckte Pawlow Bedingungen auf, unter denen das Leben der operierten Tiere gerettet werden kann und die tödlichen Folgen der Vagotomie bekämpft werden können. Wir weisen ausdrücklich darauf hin, weil die Geschichte der klinischen Anwendung dieser Operation zeigt, dass die Ursachen für schlechte Ergebnisse nicht selten in der Missachtung der Schlussfolgerungen von Physiologen liegen.

Für Pawlow blieb die Frage nach den an den Pepsindrüsen wirksamen Mechanismen im Anschluss an eine Vagusdurchschneidung letztlich offen. Es war nicht ganz klar, wie im Magen befindliche chemische Agentien die Tätigkeit der Magendrüsen initiieren, wenn der Nerv durchgeschnitten ist. Die Möglichkeit der Mitwirkung des sympathischen Nervensystems an diesem Prozess wurde von Pawlow nicht verneint; er war aber der Auffassung, dass eine befriedigende Antwort auf diese Frage erst dann möglich sei, wenn der zelluläre und molekulare Mechanismus der Tätigkeit der Magendrüsen untersucht worden sei.

---

[45]*Anthologie der Geschichte der russischen Chirurgie*, Bd. 1, S. 450.

Als wesentliche Facette der Charakteristik von Pawlow als wissenschaftlichem Denker gilt seine Besinnung auf die Bedeutung der Geschichte für den Fortschritt der Wissenschaft, die Einheit der Geschichte und die Logik der wissenschaftlichen Erkenntnis.

Die vorstehende Analyse seiner Arbeiten zur Vagotomie weist nach, dass er sich einerseits für die Aufdeckung der Todesursache von Versuchstieren bei der Vagotomie vom Besten leiten ließ, was in der Geschichte zu dieser Frage erarbeitet worden war; andererseits ging er bei einer kritischen Beurteilung der Auffassungen und Leistungen seiner Vorgänger von seinen zeitgenössischen Vorstellungen, von der vollen Tragweite seiner eigenen Forschungen aus. Er verfolgte gleichzeitig zwei Wege: von der Geschichte zu einer zeitgenössischen Lösung und von der Höhe der Logik seiner Lösung derselben Frage zu ihrer Geschichte. Seine eigene Beantwortung der Frage nach der Todesursache der Tiere bei Vagotomie und zu Methoden ihrer Bekämpfung sah er größtenteils als Ergebnis der Geschichte der Untersuchung dieser Frage an: „Das Leben, die Existenz des Hundes, der heute von mir vorgestellt wird", sagte er, „ist, wie ich glaube, ein vollständiges Ergebnis der beinahe hundertjährigen Bearbeitung dieser Frage; d. h. alles Wesentliche, worauf Autoren zu verschiedenen Zeiten hingewiesen haben, wurde jetzt berücksichtigt, und da dieser Hund lebt, ist die Frage nach dem Mechanismus des Todes gelöst."[46]

Andererseits war Pawlow der Meinung, dass eine wahrheitsgetreue Darstellung des historischen Verlaufs und eine vollständige Beurteilung der Arbeiten der Wissenschaftler nur aufgrund der Leistungen der Wissenschaft möglich sind. Er hielt sich an diesen Grundsatz sowohl bei der Beurteilung der Verdienste einzelner Autoren, die zum *Nervus vagus* bezüglich der Innervation der Magendrüsen publiziert hatten, als auch bei der Prüfung der Vagotomiegeschichte: „Trotz des grossen Umfanges und der Verworrenheit der Litteratur über die Innervation der Magendrüsen sind wir jetzt in der glücklichen Lage, uns klar und bündig die Grundzüge der früheren Arbeiten vorzustellen, die Ursache ihres Misserfolges zu erfassen und aus dieser historischen Lehre Vorschriften für dasjenige ideale Experiment zu schöpfen, welches unsere Frage endgiltig entscheiden soll."[47]

Sowohl bei der Forschung zu den Verdauungsfunktionen als auch bei der Lösung der Fragen im Zusammenhang mit der Vagotomie gelang es Pawlow als wissenschaftlichem Denker, die historische Entwicklung der Wissenschaft neu zu bewerten. Er verfügte über grundsätzlich neue Methoden und theoretische Postulate, die ihm die Möglichkeit boten, alles das, was bislang von der Forschung vorgelegt worden war, aufgrund eines höheren und einzig richtigen Gesichtspunkts neu zu interpretieren. Hierbei behandelte er die Leistungen seiner Vorgänger und Zeitgenossen sehr sorgsam und bemühte sich, deren Positionen in die Logik seiner Lehre einzuordnen.

---

[46]*Anthologie der Geschichte der russischen Chirurgie*, Bd. I, S. 447.
[47]*Die Arbeit der Verdauungsdrüsen. Vorlesungen*, S. 59.

Die Synthese der Geschichte der Physiologie und der Logik der Verdauungstheorie von Pawlow war nur unter einer Bedingung möglich, nämlich dem Aufbau der neuen Lehre auf der Grundlage eines einheitlichen Ausgangsgrundsatzes und eines einheitlichen Anfangs, aus dem wie aus einem Keim ein klar organisiertes Gebilde der Verdauungsphysiologie herauswuchs. Als „Ausgangspunkt" der gesamten Lehre von Pawlow sowohl im Bereich der Verdauungsphysiologie als auch auf dem Feld der höheren Nerventätigkeit gilt der früher von R. Descartes vorgeschlagene Begriff des Reflexes.

Ein beliebiger Reflex in seiner einfachsten und ursprünglichen Form erfolgt nach dem Schema Reiz – Reaktion. Vor den Arbeiten Pawlows wurde durch dieses Schema das gesamte Wesen des Reflexbegriffs erfasst. In der realen physiologischen Erforschung der Lebensvorgänge im Organismus wurde diese Praxis in der zweiten Hälfte des 19. Jahrhunderts überwunden. Das Genie Pawlows bestand gerade in seinem Verständnis dafür, dass der klassische Reflex von Descartes beim Mechanismus der Selbstregulation nur als Ausgangspunkt gilt und diese ihr Wesen darin nicht erschöpft. In einer Reflexantwort auf einen Reiz sah Pawlow nicht nur die Funktion eines Organs (oder des Organismus im Ganzen), sondern er verstand auch das Ergebnis als Inhalt des Reflexvorgangs – ein Ergebnis, das stets einen biologischen Sinn hat. Ein Ergebnis, ein „Ende" eines Reflexaktes, gibt es in ganzheitlichen selbstregelnden Systemen nicht; es wird zum Anfang 1.) des Mechanismus, der die Selbstregulation eines bestimmten Teils des funktionierenden Systems durch „steuernde Reflexe" vornimmt oder 2.) der Tätigkeit des nächsten Elements im Rahmen desselben ganzheitlichen Systems. Darin besteht das Wesen des Pawlowschen Grundsatzes von der Abfolge und der Selbstregulation der Funktionen eines Organismus. Die Begriffe „steuernde Reflexe" und „Ergebnis" nehmen einen führenden Platz nicht nur in seiner Verdauungsphysiologie, sondern auch in der Lehre von der höheren Nerventätigkeit ein.

Da wir die Fragen zu „Funktionen" und „Ergebnissen" im Rahmen des Reflexkonzepts angeschnitten haben, betonen wir, dass diese Fragen für Pawlow hinsichtlich der Ermittlung des Gegenstands seiner Forschungen von besonderer Relevanz waren. In der ersten seiner *„Die Arbeit der Verdauungsdrüsen. Vorlesungen"* formulierte er: „Eine umfassende Kenntnis der Verdauungsvorganges kann auf zwei Wegen erworben werden: erstens, wenn die Wissenschaft untersucht, in was für einem Zustande der Verarbeitung sich das Rohmaterial an jedem einzelnen Punkte des Verdauungskanals befindet (diesen Weg gingen Brücke, Ludwig und seine Schule und andere Forscher), und andererseits, wenn sie genau ermittelt, wie viel von dem Verdauungsreaktiv für jeden einzelnen Bestandteil der Speise und für diese in ihrer Gesamtheit sezerniert wird, wie diese Reaktive beschaffen sind, und wann sie sich in den Verdauungskanal ergießen (dieses ist der Weg der zahlreichen Forscher, welche den Sekretionsverlauf der Verdauungssäfte untersucht haben). Unsere Untersuchungen gehören der zweiten Reihe an."[48]

---

[48]*Die Arbeit der Verdauungsdrüsen. Vorlesungen,* S. 4.

Die erste Herangehensweise an die Erforschung der Verdauungsfunktion wurde von Pawlow der Zuständigkeit der physiologischen Chemie (Biochemie), das zweite der Physiologie zugeordnet. In seinen Erinnerungen an A. F. Samojlow bezeichnete er sich als „reinen Physiologen".

Den schöpferisch-heuristischen Charakter der Reflextheorie betonte Pawlow sein ganzes Leben lang. Auf dem XIII. Internationalen Medizinischen Kongress, der am 2. August 1900 in Paris stattfand und die Ergebnisse der Entwicklung der Medizin im 19. Jahrhundert zusammenfasste, trug auch er vor. Dabei ging er auf die Aufrufe einiger Wissenschaftler zum Verzicht auf die Reflextheorie ein: „Warum wird uns dann manchmal ein anderer Weg empfohlen, eine andere Richtung, als ob sie mehr der Fülle des Lebens entspräche? Hörten wir denn auf, uns mit unserer alten Fahne in den Händen ständig mit der Untersuchung des Organismus vorwärts zu bewegen? Unsere Macht über diesen tierischen Organismus vergrößert sich bloß ununterbrochen."[49]

Experiment und Klinik

Pawlow schrieb: „In grundsätzlicher Betrachtung sind Physiologie und Medizin untrennbar. Wenn ein Arzt bei seinem Tun, umso mehr in seinem Ideal, ein Mechaniker des menschlichen Organismus ist, dann wird ein beliebiger physiologischer Erwerb von neuer Erkenntnis früher oder später unbedingt die Macht des Arztes über diesen außerordentlichen Mechanismus vergrößern – die Macht, diesen Mechanismus aufrechtzuerhalten und zu reparieren."[50]

Es fällt schwer, eine richtige und klare Haltung zur Bedeutung der Physiologie und der Naturwissenschaft im Ganzen für die Umwandlung und Entwicklung der Medizin auf der Basis echter wissenschaftlicher Grundlagen zu finden.

Die Epoche, in der Pawlow eine neue Verdauungsphysiologie schuf, war die Epoche des intensiven Eindringens der Methoden, der Theorien und der Leistungen der Naturwissenschaften in die Medizin. Als Beispiel hervorragender Erfolge der Medizin auf diesem Wege bezieht er sich auf den Fortschritt im Bereich der Infektionspathologie auf der Grundlage der Entdeckungen der Bakteriologie sowie auf die Errungenschaften der Chirurgie im Zusammenhang mit den Erfolgen der Antisepsis und der Asepsis.

Das Interesse von Pawlow an den Wechselbeziehungen von Physiologie, Naturwissenschaft und Medizin wurde nicht nur durch den allgemeinen Denkansatz und den Geist der Epoche hervorgerufen, sondern auch durch seine persönlichen Erfahrungen, die er während seiner Arbeit im klinischen Labor von Sergei Petrowitsch Botkin gesammelt hatte. Nach der Aussage von Pawlow „war S. P. Botkin die glücklichste Verkörperung

---

[49]*Anthologie der Geschichte der russischen Chirurgie*, Bd. I., S. 461.
[50]Pawlow, I. P., *Gesammelte Werke*, Bd. III, Buch 1, S. 81.

eines gesetzmäßigen und fruchtbaren Bündnisses der Medizin und der Physiologie, zweier Arten menschlicher Tätigkeit, die vor unseren Augen ein Gebäude der Wissenschaft über dem menschlichen Organismus errichten und versprechen, dem Menschen in Zukunft sein größtes Glück, die Gesundheit und das Leben, zu sichern."[51]

In Botkins Labor hatte Pawlow oft die Möglichkeit, klinische Phänomene vom Standpunkt der im Labor erzielten Schlussfolgerungen zu analysieren und sich die Meinung des berühmten Klinikers anzuhören. Die von ihm im Labor erzielten experimentellen Ergebnisse halfen in vielen Fällen, ein Licht auf komplizierte klinische Phänomene zu werfen. Andererseits wurden durch klinische Beobachtungen, durch die klinische Kasuistik, neue Ideen zu experimentellen Forschungen entwickelt, neue Facetten der Erscheinungen betont, die für den Physiologen von Interesse waren. „Ich hatte das Glück", erinnerte sich Pawlow, „ein besonderes Verhältnis zum verstorbenen Sergei Petrowitsch zu haben. Ich war Laborant in seinem klinischen Labor. Ich habe im Gedächtnis und werde lange im Gedächtnis diejenigen Fälle haben, wenn ich bei ihm mit meinen Laborergebnissen erschien. Sergei Petrowitsch schätzte es nicht, auf die Kritik der Physiologen einzugehen, aber durch seine umfassende Beobachtungsgabe gab es immer gleich Belege für die dargestellten Sachverhalte; zugleich machten sie ihm die Schattenseiten der klinischen Beobachtung verständlich; und gleichzeitig wurden aus der gleichen Quelle immer neue Erkenntnisse geschöpft, neue Gesichtspunkte für neue Fragestellungen, für neue Erkenntnisse aufgedeckt."[52]

In seinen Arbeiten bezog sich Pawlow mehrfach auf klinische Beobachtungen, die hervorragenden physiologischen Entdeckungen zugrunde lagen. Als Beispiel einer für die Physiologie wichtigen Beobachtung führte er einen Fall des kanadischen Arztes Beaumont an. Im ersten Kapitel dieses Buches haben wir bereits gezeigt, wie dessen Beobachtungen und Untersuchungen eines Kranken mit einer Magenfistel nach einer Verletzung als Initialzündung für W. A. Bassow dienten. Von nun an setzte dieser sich für die Schaffung einer künstlichen Magenfistel und die Erforschung der Magenfunktionen ein.

Nach Pawlow bestand zwischen der Medizin und der Physiologie ein besonderes Verhältnis, das durch einige Aspekte charakterisiert ist.

Erstens betrachtete Pawlow pathologische Prozesse als eine eigene Form der Lebenstätigkeit des Organismus, als Zusammenbruch des normalen Verlaufs physiologischer Funktionen. Eine Krankheit ist eine unendliche Reihe von allen möglichen Kombinationen physiologischer Erscheinungen, die in einem gesunden Organismus nicht vorhanden sind. Nur derjenige, der die Gesetzmäßigkeiten der Vorgänge in einem gesunden lebendigen Organismus kennt, kann diese Vorgänge bei Erkrankungen berichten und sie zur Norm zurückführen. Deswegen büßt, so Pawlow, eine Medizin

---

[51]*Anthologie der Geschichte der russischen Chirurgie,* Bd. I, S. 468.
[52]*Anthologie der Geschichte der russischen Chirurgie,* Bd. I, S. 486.

ohne Physiologie ihr wissenschaftliches Fundament ein und „wird zur Gesundbeterei und nicht zur Sache des Geistes."[53]

Zweitens werden von der Physiologie und von anderen biologischen Wissenschaften, auch von der Physik und der Chemie, nicht nur konkrete Mechanismen der Lebensvorgänge untersucht, sondern es wird auch der konzeptuelle Apparat gebildet, durch den der Charakter verschiedener biologischer Erscheinungen sowohl innerhalb der Norm als auch unter den Bedingungen der Pathologie beschrieben, klassifiziert und bestimmt werden kann. In diesem Sinne spielte die Physiologie der zweiten Hälfte des 19. Jahrhunderts die entscheidende geistige, theoretische und methodische Rolle bei der Entwicklung der Medizin. Pawlow meinte, die vorher nie dagewesene Anhäufung von mehr oder weniger genauen klinischen Beobachtungen und experimentell zu prüfenden Thesen am Ende des 19. Jahrhunderts sei damit verbunden gewesen, dass Physiologie, Mikrobiologie und andere Wissenschaften maßgebliche Ideen für die Erforschung der Lebensvorgänge des Organismus bei einer Erkrankung formulierten: „Die riesige Sammlung von klinischen Beobachtungen in der letzten Jahrhunderthälfte", folgerte er, „basiert darauf, dass der Physiologe dem Arzt ein Schema des Lebens an die Hand gab, mit dem dieser die vor ihm in Erscheinung tretenden Fälle bequem betrachten, erkennen und gruppieren kann."[54]

Einen wichtigen Rang in der Methodenlehre Pawlows nimmt die Frage nach den Regeln für die Anwendung der von der Physiologie erzielten Erkenntnisse in der medizinischen Praxis ein. Zur Lösung dieser Frage erforschte und verglich er das Wesen der naturwissenschaftlichen und der klinischen Methoden zum Erkenntnisgewinn bezüglich der Lebenserscheinungen.

Er kennzeichnete die klinische Methode der Medizin als eine Beobachtung, bei der die Entdeckung von komplizierten Erscheinungen und Tatsachen Zufall ist. Ein Kliniker sieht und untersucht das, was die Natur für ihn vorbereitet hat. Ein naturwissenschaftliches Experiment ist dagegen ein Handlungsverfahren, mit dessen Hilfe der Experimentator das zu erforschende Objekt – einen gesunden oder einen kranken Organismus – und seine Geheimnisse, die den Forscher interessieren, erfassen kann. Mit der Einführung der experimentellen Methode in die Untersuchung von pathologischen Erscheinungen verband Pawlow, wie bereits erwähnt, die Entstehung der naturwissenschaftlichen Richtung in der Medizin.

Die Unkenntnis der internen Gesetzmäßigkeiten des Funktionierens eines Lebewesens stellt ein großes Hindernis auf dem Wege einer rationalen Behandlung, der Durch-

---

[53]Pawlow, I. P., *Gesammelte Werke,* Bd. V, S. 397.
[54]*Anthologie der Geschichte der russischen Chirurgie,* Bd. I, S. 470.

führung von medizinischen und vorbeugenden Maßnahmen, dar. „Es ist leicht", schrieb Pawlow, „sich die schwierige Lage eines Arztes vorzustellen, wenn dieser gegen die eine oder die andere Krankheit, gegen das eine oder das andere Symptom nach einem bekannten medizinischen Verfahren vorgeht und oft gar nicht weiß, was dieses Verfahren im Organismus bewirkt. Welch eine Unrichtigkeit und Unbestimmtheit in den Handlungen, welch ein weiter Spielraum für Zufälle!"[55]

Dieser wesentliche Mangel in der medizinischen Theorie und Praxis kann nur durch die experimentell-wissenschaftliche Erforschung der in der Klinik zu beobachtenden Erscheinungen und der Aufdeckung ihres wahren Wesens behoben werden: „Ich verstehe, warum sich die praktische Medizin derzeit fest an die theoretische Medizin und an die Laboratoriumsmedizin hält", konstatierte Pawlow hinsichtlich dieses Problems.[56]

Der historische Prozess der Entwicklung der Medizin des 19. Jahrhunderts, so wie dieser uns von Pawlow vorgestellt wurde, ging von der klinischen Beobachtung zum physiologischen Experiment und weiter zur rationalen Therapie. Nur die ständige Bereicherung der Medizin durch immer neue physiologische Erkenntnisse, die die Feuerprobe des Experimentes bestanden hatten, konnte nach einem Gedanken Pawlows dazu führen, dass die Medizin so werden konnte, „was sie im Ideale sein muss: nämlich zur Kunst, den schadhaften Mechanismus des menschlichen Körpers auf Grundlage seiner genauen Kenntnis zu flicken, — zur ungewandten Physiologie."[57]

Die Prüfung der klinischen Beobachtungen in einem Experiment ist eine komplizierte Sache und mit zahlreichen möglichen Fehlern verbunden. Erstens hat es die Medizin mit Erscheinungen zu tun, die im menschlichen Organismus unter äußerst vielfältigen Bedingungen stattfinden und die der Arzt sehr oft nicht wirksam beeinflussen kann. Zweitens gibt es eine Reihe von physiologischen Funktionen, die in einem Experiment nicht vollkommen untersucht werden können, sowie eine Reihe von pathologischen Erscheinungen, die sich auch nicht im Tierexperiment modellieren lassen.

Pawlow wies auf eine Reihe von Beispielen hin, bei denen die Medizin in ihren Stellungnahmen zu physiologischen Erscheinungen der Wahrheit näher ist als die Physiologie. Er sagte, es gebe „eine Reihe von physiologischen Versuchen, die die Natur und das Leben anstellt; es sind dies oft solche Verkettungen von Erscheinungen, die den Physiologen der Gegenwart lange nicht in den Sinn gekommen wären, und die sich sogar durch unsere jetzigen technischen Hilfsmittel oft kaum hätten hervorrufen

---

[55]*Anthologie der Geschichte der russischen Chirurgie*, Bd. 1, S. 528.
[56]Pawlow, I. P., *Gesammelte Werke*, Bd. VI, S. 28 – 29.
[57]*Die Arbeit der Verdauungsdrüsen. Vorlesungen*, S. 175.

lassen. Deshalb wird die klinische Kasuistik stets eine reiche Fundgrube physiologischer Thatsachen bleiben."[58] „Im Labor des Physiologen", so Pawlow, „befindet sich ein begrenzter Kreis von Erscheinungen", während „im Labor des Arztes die ganze kranke Menschheit ist."

Drittens gilt die Unkenntnis der Ursachen vieler Krankheiten als das wichtigste Hindernis auf dem Wege der experimentellen Erforschung von pathologischen Erscheinungen. Die Entdeckung ätiologischer Faktoren bei einer Reihe von Infektionskrankheiten in der zweiten Hälfte des 19. Jahrhunderts änderte die Situation hinsichtlich der Laborforschungen zu pathologischen Prozessen grundsätzlich. „Erst mit der Entdeckung von pathogenen Organismen", schrieb Pawlow, „entfaltete sich vor dem Experimentator der gesamte Bereich der pathologischen Physiologie und derzeit gibt es nichts, das einen hindert, fast die ganze Welt des Pathologischen bereitgestellt für Forschungen im Labor zu haben".[59]

Als Gesamtergebnis der Erforschung der Wechselbeziehungen von Physiologie und Medizin sowie der historischen Perspektiven auf die Entwicklung der Letzteren stand Pawlows Schlussfolgerung, dass „nur durch die Feuerprobe des Experimentes die Medizin das sein wird, was sie werden muss, d. h. absichtsvoll und folglich immer und in vollem Maße zweckdienlich handelnd."[60]

Abgesehen von der Lehre von den Infektionskrankheiten (und ihrer Verhütung) machte die Chirurgie am Ende des 19. Jahrhunderts einen weiteren großen Schritt auf dem Weg zu einer rationalen Wissenschaft. Dies wurde möglich, weil die Chirurgen ihre Handlungen auf Errungenschaften der Naturwissenschaft basierten wie 1.) Kenntnis des anatomischen Baus und der Funktionen des Organismus sowie seiner einzelnen Systeme, 2.) Berücksichtigung der kompensatorischen Möglichkeiten des Organismus und 3.) breite Verwendung der Antiseptik und der Aseptik bei der Bekämpfung des Hauptfeindes – der Wundinfektion. Pawlow betonte ferner die Einführung von experimentellen Methoden in einen Bereich der Medizin wie der Pharmakologie, und zwar im Hinblick auf die Untersuchung der Mechanismen der Wirkung von Heilmitteln auf einen kranken Organismus. Die Pharmakologie ist eine Verbindungsstelle der wissenschaftlichen Erkenntnis, an der ein reger Austausch zwischen der Physiologie und der klinischen Therapie erfolgt. Die Pharmakologie vervollkommnet die Therapie, indem sie die Wirkungsmechanismen von Heilmitteln entdeckt, und stellt die Therapie auf eine rationale und feste wissenschaftliche Grundlage. Zugleich betonte Pawlow, dass pharmakologische Untersuchungen von Arzneimitteln häufig solche

---

[58]*Die Arbeit der Verdauungsdrüsen. Vorlesungen,* S. 59.
[59]*Anthologie der Geschichte der russischen Chirurgie,* Bd. I, S. 526.
[60]*Anthologie der Geschichte der russischen Chirurgie,* Bd. I, S. 530.

Aspekte physiologischer Prozesse aufdecken, die bei einer rein physiologischen Untersuchung unbemerkt bleiben können. Die experimentelle Pharmakologie wecke bei ihm ein riesiges theoretisches Interesse, da sie zum „Erfolg der physiologischen Kenntnis außerordentlich beitragen kann, weil chemische Stoffe die feinsten analytischen Methoden der Physiologie darstellen."[61]

Beim Eindringen der Naturwissenschaften in die Medizin war es leicht, die Haltung einzunehmen, die Medizin sei angewandte Physiologie. Pawlow erkannte die Unseligkeit dieser Herangehensweise sowohl für die Medizin als auch für die Physiologie. Nach seinen Vorstellungen sollte die Verwendung der physiologischen Erkenntnisse in der Medizin geregelt, mit ausdrücklich bestimmten und strikt einzuhaltenden Regeln ausgestattet werden. Er betonte, dass in dieser Sache „Vorsicht und Maß erforderlich sind, da es für die Sache nicht immer nützlich ist, sich durch physiologische Bestimmungen einschränken zu lassen; es ist möglich, dass die Physiologie zur Bremse und bei der Lösung der Frage hinderlich wird."[62]

Wovon sollte sich nach der Meinung von Pawlow ein Arzt leiten lassen, wenn er physiologische Erkenntnisse in Anspruch nahm, wenn er eine Diagnose stellte und sein Vorgehen bei der Behandlung des Kranken von den Ergebnissen der Laboruntersuchung her bestimmte?

Erstens muss man das Entwicklungsniveau der wissenschaftlichen und insbesondere der physiologischen Kenntnisse berücksichtigen. In der Wissenschaft gibt es etwas, was unstritig bewiesen wurde und von unvergänglicher Bedeutung ist, und etwas, was zu präzisieren oder zu widerlegen ist. In der für ihn aktuellen Physiologie, mahnte Pawlow, gebe es neben unstritigen Wahrheiten viele fehlerhafte Bestimmungen. In einigen Fällen konnte eine unkritische Anwendung von physiologischen Daten zu schwerwiegenden Folgen in der medizinischen Praxis führen.

Zweitens muss man in Rechnung stellen, dass physiologische Daten und physiologische Kenntnisse nicht vollständig sind. Deswegen konnten die auf der Grundlage dieser Angaben gezogenen und auf das „wirkliche Leben" übertragenen Schlussfolgerungen nicht immer zuverlässig sein und beinhalteten ein großes Fehlerrisiko.

Drittens hat ein Physiologe am häufigsten mit analytischen Angaben und Tatsachen zu tun, die aus dem Kontext des einheitlichen Organismus herausgenommen wurden und deswegen einseitig sind. Ein Arzt hat mit der Synthese, mit dem „vollen Leben", zu tun. Denkergebnisse auf der Grundlage analytischer Angaben, die in einem Experi-

---

[61]*Anthologie der Geschichte der russischen Chirurgie,* Bd. I, S. 487.
[62]*Anthologie der Geschichte der russischen Chirurgie,* Bd. I, S. 488.

ment erhalten worden sind, bergen in sich Fehlermöglichkeiten. „Folglich", so Pawlow, „würde die Synthese wiederum die Sache der Schlussfolgerung sein, folglich mit Fehlerwahrscheinlichkeit."[63]

Viertens besteht die Gefahr, dass eine experimentelle Prüfung nicht dem Prozess unterworfen werden kann, mit dem die jeweilige Krankheit oder das Symptom verbunden ist. Bei der Überprüfung seiner klinischen Beobachtungen im Labor muss der Arzt sicher sein, dass die bei einer Laboruntersuchung gewonnenen Erkenntnisse ein Licht gerade auf die ihn interessierenden Erscheinungen werfen und die klinischen Erscheinungen rational erläutern können.

Fünftens sagte Pawlow, dass die Welt pathologischer Erscheinungen vielseitig sei, die Medizin aber „in ihren rationalistischen Erklärungen oft sehr eng" denkt. „Sie sucht oft auf die einfachste Weise einen komplizierten Heilungsvorgang aus unseren physiologischen Daten zu erklären."[64] Kraft der genannten Umstände kann der Arzt die physiologischen Angaben nur unter einer Bedingung in Anspruch nehmen: mit einer ständigen Prüfung dieser Angaben durch klinische Beobachtungen.

Sechstens meinte Pawlow, dass aus dem therapeutischen Effekt der Anwendung irgendeines Heilmittels keine Schlussfolgerungen über die physiologischen Mechanismen ihrer Wirkung gezogen werden dürfen, und zwar aufgrund des Umstandes, dass die Wirkung des Heilmittels durch andere Faktoren im Organismus verändert werden kann.

Die von Pawlow zum Ausdruck gebrachten Ideen über das Verhältnis zwischen den Grundlagenwissenschaften und der Medizin haben bis jetzt ihre Bedeutung nicht eingebüßt.

---

[63]*Anthologie der Geschichte der russischen Chirurgie*, Bd. I, S. 471.
[64]*Die Arbeit der Verdauungsdrüsen. Vorlesungen*, S. 191.

Open Access Dieses Kapitel wird unter der Creative Commons Namensnennung 4.0 International Lizenz (http://creativecommons.org/licenses/by/4.0/deed.de) veröffentlicht, welche die Nutzung, Vervielfältigung, Bearbeitung, Verbreitung und Wiedergabe in jeglichem Medium und Format erlaubt, sofern Sie den/die ursprünglichen Autor(en) und die Quelle ordnungsgemäß nennen, einen Link zur Creative Commons Lizenz beifügen und angeben, ob Änderungen vorgenommen wurden.

Die in diesem Kapitel enthaltenen Bilder und sonstiges Drittmaterial unterliegen ebenfalls der genannten Creative Commons Lizenz, sofern sich aus der Abbildungslegende nichts anderes ergibt. Sofern das betreffende Material nicht unter der genannten Creative Commons Lizenz steht und die betreffende Handlung nicht nach gesetzlichen Vorschriften erlaubt ist, ist für die oben aufgeführten Weiterverwendungen des Materials die Einwilligung des jeweiligen Rechteinhabers einzuholen.

3 W. F. Dagajew: erste experimentelle Untersuchungen der Magenresektion

Wladimir Fjodorowitsch Dagajew (1872–1958) ist als ein großer Organisator im Bereich des Gesundheitswesens in die Geschichte eingegangen. Dagajew wurde 1872 im Dorf Spasskoje im Nowossilsk-Kreis des Tula-Gouvernements in einer Priesterfamilie geboren. Nach dem Abschluss des Priesterseminars in Tula begann er 1896 sein Studium an der Medizinischen Fakultät der Universität Tomsk, das er 1902 abschloss. Bereits während der Studienzeit begeisterte er sich für die Chirurgie und nach dem Universitätsabschluss widmete er sich der chirurgischen Praxis. Er vertiefte seine chirurgischen Kenntnisse in der Klinik prominenter sibirischer Chirurgen wie E. G. Salischtschew und N. A. Rogowitsch. Eine Zeit lang arbeitete er gemeinsam mit N. A. Bogoraz.

1910 bis 1911 Dagajew war Praktikant am Institut für experimentelle Medizin in Sankt Petersburg, wo er seine Promotionsarbeit unter dem Titel *„Zur Lehre vom Verdauungschemismus nach der Teilresektion und der kompletten Entfernung des Magens"* vorbereitete. 1911 wurde er an der Medizinischen Militärakademie promoviert; nach der erfolgreichen Promotion wurde ihm der akademische Grad „Dr. med." zuerkannt. 1912 wurde Dagajew von der Rotkreuz-Gesellschaft nach Bulgarien delegiert, um den Verwundeten während des Krieges gegen die Türkei Hilfe zu leisten. 1913 wurde er zum Chefarzt und Leiter der chirurgischen Abteilung im Altaischen Krankenhaus der Eisenbahn bestellt (Nowonikolajewsk – heute Nowosibirsk); später bekleidete er die gleichen Ämter im Krankenhaus in Mariupol.

Von 1914 bis zur Pensionierung im Jahre 1957 arbeitete Dagajew ununterbrochen in Tula. Seit 1914 leitete er die Spitäler des Gemeindeverbandes des Tula-Gouvernements mit dem Hauptspital am Gebietskrankenhaus Tula. 1924 wurde er zum Chefarzt und Leiter der chirurgischen Abteilung im neu gegründeten N. A. Semaschko Stadtkrankenhaus in Tula bestellt. Zu dieser Einrichtung gehörte auch das chirurgische Krankenhaus als „seine" Abteilung. Unter der Leitung von Dagajew wurde das Stadtkrankenhaus wesentlich umgebaut und erweitert.

Von 1931 bis 1938 fungierte die von Dagajew geleitete chirurgische Abteilung des Stadtkrankenhauses Tula als zweite Chirurgieklinik des Zentralen Instituts für Weiterbildung der Ärzte, die er als wissenschaftlicher Betreuer leitete.

Für seine Verdienste im Bereich des Gesundheitswesens wurde ihm der Ehrentitel „Verdienter Arzt der RSFSR"[1] verliehen. 1952 wurde zu Ehren seines 80. Geburtstages und seines 50-jährigen ärztlichen und gesellschaftlichen Engagements dem Chirurgieblock des N. A. Semaschko Stadtkrankenhauses in Tula mit Erlass des Ministers der RSFSR für das Gesundheitswesen der Name „W. F. Dagajew" gegeben. Dagajew starb am 7. Februar 1958 in Tula, wo auch seine Gebeine ruhen.

Aus dem *Curriculum vitae*, das der Promotionsarbeit beigelegt ist, ergibt sich, dass Dagajew die Doktorprüfungen in den Jahren 1906/07 ablegte und seit September 1910 als Praktikant am Kaiserlichen Institut für experimentelle Medizin in Sankt Petersburg tätig war. Auf der Titelseite der Dissertation ist angegeben, dass zu den „Zensoren" („Opponenten" in der heutigen Terminologie) Akademiemitglied I. P. Pawlow, Professor M. D. Iljin und Privatdozent W. N. Tomaschewski gehörten.

Uns gelang es, einige Dokumente zum Promotionsverfahren Dagajews zu finden.[2] In einem mit 2.11.1911 datierten Dokument steht es: „Die Kommission, zu der Professoren und Akademiemitglied Pawlow I. P., Iljin M. D. und Privatdozent Tomaschewski gehören, behandelte die Promotionsarbeit von Wladimir Fjodorowitsch Dagajew unter dem Titel *„Zur Lehre vom Verdauungschemismus nach der Teilresektion und der kompletten Entfernung des Magens"*[3] und befand sie zufriedenstellend und für die Veröffentlichung zulässig[4].

Von Pawlow wurde handschriftlich folgendes Dokument abgefasst und von den Kommissionsmitgliedern unterzeichnet: „Gegen die Festlegung der Promotion der Dissertation des Arztes W. F. Dagajew unter dem Titel *„Zur Lehre vom Verdauungschemismus nach der Teilresektion und der kompletten Entfernung des Magens"* für Donnerstag, 8. Dezember habe ich keine Einwände."[5] Nach dem Einholen der Zustimmung der Kommission auf der Sitzung der Konferenz der Kaiserlichen Medizinischen Militärakademie am 3. Dezember 1911 Nr. 6 wurde beschlossen: „24. Die Promotionen der Ärzte Geschelin A. I. und Dagajew W. F. werden auf den 8. Dezember ab 3 ½ Uhr nachmittags festgelegt."[6]

---

[1]RSFSR – Russische Sozialistische Föderative Sowjetrepublik. Die größte Teilrepublik der UdSSR.

[2]Später wurden diese Archivakten zum ersten Mal in der „Anthologie der Geschichte der russischen Chirurgie" publiziert. Siehe: *Anthologie der Geschichte der russischen Chirurgie*, Bd. 2.

[3]Chemismus – ein veralteter Ausdruck. Im modernen Sinne handelt es sich um die Auswertung der Verdauung im Magen und Zwölffingerdarm mit Hilfe von Methoden der analytische Chemie.

[4]*Russisches Staatliches Militär-historisches Archiv,* Besitz 316, Register 42, Fach 954, S. 7.

[5]*Russisches Staatliches Militär-historisches Archiv,* Besitz 316, Register 42, Fach 954, S. 7.

[6]Protokolle der Sitzungen der Konferenz der Kaiserlichen Medizinischen Militärakademie für 1911–1912, Sankt Petersburg, 1912, S. 65.

Die Disputation über die Promotionsarbeit von Dagajew fand an der Medizinischen Militärakademie an diesem Tag statt.

Im Protokoll der Konferenzsitzung der Medizinischen Militärakademie vom 10. Dezember 1911 steht geschrieben:

„3. Der wissenschaftliche Sekretär berichtete, dass am 8. Dezember d. J. die Ärzte Geschelin A. I. und Dagajew W. F. promovierten. Die Teilnehmer der Disputation der Kommission bewerteten die Promotionen als zufriedenstellend und erkannten den erwähnten Ärzten den Grad ‚Doktor der Medizin' zu.

Beschlossen: die ordentlichen Diplome sind auszuhändigen".[7]

Die Dissertation von Dagajew genießt in zwei Hinsichten zweifellos eine Vorrangstellung.

Erstens, wie es der Verfasser der Dissertation selbst betonte, war es die erste Studie, die der Untersuchung der Verdauungsfunktionen bei fehlendem Pylorus und fehlendem Magen, d. h. unter pathologischen Bedingungen diente, „nachdem Pawlow die wichtigsten Grundsätze des Funktionierens der Verdauungsdrüsen unter den normalen Bedingungen festgestellt hatte."[8]

Zweitens forderte die umfassende Untersuchung der digestiven Funktionen neben dem Studium der Funktionen der Verdauungsdrüsen auch, den Einfluss dieser Funktionen auf einzelne Nahrungsarten zu erforschen. Aus diesem Grunde hatte Pawlow festgestellt: „Die komplette Antwort auf die zwei angeführten Fragengruppen, wozu und auf welche Weise die Funktion der Drüsen variiert, werden wir nur dann erhalten, wenn an das Verfahren der Untersuchung der Trennungsvorgänge eine ausführliche Untersuchung des Inhalts des Verdauungstrakts während der gesamten Verdauungsperiode an jedem seinem Punkt geknüpft wird; dann werden wir genau wissen, wo sich welcher Bestandteil der Nahrung befindet und welchen Veränderungen er zum jeweiligen Zeitpunkt ausgesetzt ist."[9]

Der Untersuchung eben dieser Aspekte der Verdauung ist die Dissertation von Dagajew gewidmet. Für die Lösung der Aufgaben, vor denen er stand, benutzte er sowohl physiologisch-operative als auch chemische Methoden.

Der methodische Teil der Dissertation ist recht ausführlich, deshalb werden wir nur auf ihre wichtigsten Aspekte hinweisen. Insgesamt führte Dagajew 200 Versuche an neun Hunden durch. Davon waren zwei Kontrolltiere. Bei dem einen („Woltschok") wurde eine Fistel im Fundus-Bereich, bei dem anderen („Belka") eine enterale Fistel 125 cm oberhalb der ileozökalen Klappe angelegt. Bei den drei Hunden „Druschok", „Bobik" und „Kaschtan" wurde eine Pylorusresektion mit anschließender Anastomose des Magens und des Zwölffingerdamms nach Kocher vorgenommen. Einem Hund aus dieser

---

[7]Protokolle der Sitzungen der Konferenz der Kaiserlichen Medizinischen Militärakademie für 1911–1912, Sankt Petersburg, 1912, S. 75.
[8]*Anthologie der Geschichte der russischen Chirurgie,* Bd. II, S. 57.
[9]*Anthologie der Geschichte der russischen Chirurgie,* Bd. I, S. 236.

Gruppe („Druschok") wurde eine Magenfistel angelegt, zwei weiteren Hunden („Bobik" und „Kaschtan") eine Darmfistel, die 125 cm oberhalb der ileozökalen Klappe lag.

Zu der zweiten Versuchsgruppe gehörten auch die drei Hunde „Scholty", „Schawka" und „Werny". Bei ihnen wurde eine Magenresektion nach dem Billroth-II-Verfahren vorgenommen. „Scholty" wurde die Magenfistel, „Schawka" und „Werny" die Dünndarmfistel angelegt. Dem Hund „Maltschik" wurde der gesamte Magen entfernt; für die Verbindung mit dem Zwölffingerdarm wurde der Murphy-Knopf verwendet. Diesem Hund wurde ebenfalls eine Darmfistel angelegt.

Für die Bestimmung der Funktionen einzelner Organe des gastrointestinalen Systems, des Verlaufs des gesamten Digestionsprozesses sowie des Verdauungsgrades einzelner Nahrungsstoffe wurden entsprechende Methoden verwendet, die in der Dissertation ausführlich beschrieben sind. Für die Bestimmung des Verdauungsprozesses wurde zum einen seine „Extensität" untersucht, d. h. die Menge des sezernierten Chymus im Lauf einer bestimmten Zeit und in bestimmten Stunden der Verdauung, seine Azidität bzw. Alkalität; zum zweiten seine „Intensität", d. h. der Wirkungsgrad der Verdauung sowie des Abbaus der wichtigsten Nahrungskomponenten. Dabei erkannte Dagajew, anknüpfend an die Hinweise Pawlows, dass „bei jeder Nahrung sich sowohl die Menge als auch die Qualität des Saftes mit jeder Stunde in typischer Weise ändert. Beim Fleisch ist die maximale Sekretion einmal in der ersten, ein anderes Mal in der zweiten Stunde nachweisbar; dabei unterscheiden sich diese Zeitintervalle recht wenig hinsichtlich der Menge; beim Brot erscheint das Maximum schlagartig in der ersten Stunde, bei der Milch in der zweiten und sogar in der dritten Stunde."[10]

Das gesamte Funktionieren des Verdauungssystems hängt in vielerlei Hinsicht von der Geschwindigkeit ab, mit der der Magen die Nahrung in den Darm transportiert.

Für die Untersuchung der motorischen Leistung und der Entleerung der Nahrungsmasse aus dem Magen unternahm Dagajew spezielle Versuche sowohl am „normalen" Hund „Woltschok" als auch an den pylorektomierten Hunden. Auf der Grundlage der Daten, die zur damaligen Zeit in der Forschung vorlagen, formulierte er drei Faktoren, welche die Geschwindigkeit der Evakuation des Chymus aus dem Magen bestimmen:

a) die Menge der in den Magen eingeführten Nahrung;
b) die Zeit, die seit dem Beginn der Nahrungseinführung vergangen ist;
c) der vom Zwölffingerdarm ausgehende Reflex, der im Zusammenhang mit der reflektorischen Einwirkung des Magensaftes auf das Duodenum entsteht.

Ausgehend von der strikten Zweckmäßigkeit, die im Funktionieren des Verdauungstraktes zu sehen ist, findet Dagajew heraus, dass die Leistung, die der Magen bei der Nahrungsentleerung entwickelt, sich sowohl an die Menge des zu evakuierenden Inhalts als auch an die Evakuationszeit anpasst. Für die Bestimmung der Nahrungsmenge,

---

[10]*Anthologie der Geschichte der russischen Chirurgie,* Bd. I, S. 119–120.

die zum jeweiligen Zeitpunkt im Organ verbleibt, und der Evakuation entwickelte er die folgende Gesetzmäßigkeit, die er in einer mathematischen Formel zum Ausdruck brachte:

$$x = k\sqrt{\frac{m}{t+p}}$$

Dabei gilt:
„x" – die Menge der im Magen zum jeweiligen Zeitpunkt verbliebenen Nahrung;
„t" – die nach der Nahrungseinführung vergangene Zeit;
„p" – die Menge des in den Darm gelangten Magensaftes.

Die Menge der im Magen zum jeweiligen Zeitpunkt gebliebenen Nahrung („x") wird sich im umgekehrten Verhältnis zur Zeit („t") verringern; zugleich wird sie im umgekehrten Verhältnis zur Menge des in den Zwölffingerdarm gelangenden Magensaftes stehen.

m – 100 % der in den Magen eingeführten Nahrung;
k – eine gewisse konstante Größe.

Der Untersuchung eben dieser Aspekte der Verdauung ist die Dissertation von Dagajew gewidmet. Für die Lösung der Aufgaben, vor denen er stand, benutzte er sowohl physiologisch-operative als auch chemische Methoden.

Für die Untersuchung der motorischen Funktionen des Magens bei dem normalen und bei dem operierten Hund benutzte Dagajew eine 5-prozentige Lösung reinen Zuckers. Bekanntlich wird der Zucker im Magen chemisch nicht verarbeitet und deshalb erfüllt dieses Organ hier rein motorische Funktionen. Die Versuche, die der Wissenschaftler an dem nicht operierten Hund durchführte, zeigten, dass die motorische Magenfunktion hauptsächlich nach der von ihm entwickelten Formel verläuft. Die Versuche an dem Hund „Druschok", bei dem eine Pylorektomie vorgenommen wurde, zeigten, dass bei diesem Hund die Evakuation in der gleichen Weise wie im Normalfall, nur mit verlangsamtem Tempo verläuft. Die Konstante k betrug bei „Woltschok" 10,35 und bei „Druschok" 13,6. Bei „Woltschok" ging die Entleerung des Magens mit der Zuckerlösung nach 60 min fast zu Ende und im Magen verblieben nur 2 % der Lösung; bei „Druschok" blieben nach 60 min 14 % Zucker und nach 75 min sogar noch 7 % Zucker übrig. Der Gesamtcharakter des Prozesses der Nahrungsentleerung aus dem Magen ist bei beiden Hunden der gleiche, aber bei dem operierten Tier verläuft dieser Prozess wesentlich langsamer.

Zu jener Zeit, als Dagajew seine Forschungen durchführte, war bekannt, dass der Transport der Nahrung aus dem Magen in den Darm durch die Kontraktionen der Pylorusmuskulatur infolge des vom Zwölffingerdarm ausgehenden Reflexes geregelt wird (I. P. Pawlow, A. S. Sserdjukow, S. I. Lintwarjow, N. Kanzelson, Hirsch, Mering u. a.). Daher wurde angenommen, dass die chirurgische Entfernung des Pylorus große Veränderungen bei allen Teilfunktionen der Magenverdauung auslösen würde.

Im Labor Pawlows gewann sein Kollege Doktor I. Edelman die Erkenntnis, dass die periodischen Kontraktionen des Magenbodens recht kräftig sind und unabhängig vom Pylorusbereich erfolgen.

Diese Frage untersuchte Dagajew sehr eingehend an den Hunden, denen der Pylorus operativ entfernt worden war. Beim Vergleich des Evakuationsverlaufs des Mageninhalts bei dem nicht operierten Hund mit den pylorektomierten Hunden gelangt er zu dem Schluss, dass „die Nerven, die die Gesetzmäßigkeiten der Magenentleerung steuern, eine selbstständige Grundlage im Fundusbereich des Magens haben". Dabei erfolgt die Entleerung aus dem Magen ohne Pylorus „nach der gleichen mathematisch formulierten Gesetzmäßigkeit wie auch die Entleerung aus dem normalen Organ. Der verbliebene Fundus bleibt dabei vom hemmenden Reflex aus dem Zwölffingerdarm unberührt."

Dagajew untersuchte ferner die Rolle des Reflexes vom Zwölffingerdarm auf den Magenfundus. Nach der Magenresektion nach dem Billroth-I-Verfahren und der Gastrostomie wurde an dem Hund eine zusätzliche Operation durchgeführt. Es wurde ihm eine Fistel im oralen Teil des Zwölffingerdarms angelegt. Mit ihrer Hilfe war es möglich, die Geschwindigkeit des Übertritts der Zuckerlösung aus dem Magen in den Darm unter normalen und – sofern ins Duodenum saure Stoffe eingeführt wurden – experimentellen Bedingungen zu verfolgen. Dabei wurde festgestellt, dass im zweiten Fall die Evakuation aus dem pyloruslosen Magen verlangsamt ist. „Sobald", so Dagajew, „der Reflex des Zwölffingerdarms auf den Magenpförtner des normalen Magens ausgelöst wird, wird er auch auf den Fundus des Magens ohne Pylorus wirksam. Dieser Reflex bewirkt eine Verzögerung des Beginns und eine Verlangsamung der gesamten Geschwindigkeit der Magenentleerung."[11]

Nach der Untersuchung der Chymusevakuation aus dem Magen im normalen Zustand und nach Pylorektomie gelangt er zur folgenden Schlussfolgerung: „Der Magen, der keinen Pylorusteil besitzt und durch Anastomose direkt mit dem Zwölffingerdarm verbunden ist, wird von den Zuckerlösungen wesentlich langsamer als der normale Magen befreit. Die Evakuation des pyloruslosen Magens erfolgt nach der gleichen mathematisch formulierten Gesetzmäßigkeit wie auch die Entleerung des normalen Magens. Der verbliebene Magenfundus bleibt dabei von dem hemmenden Reflex des Zwölffingerdarms nicht vollkommen frei. Bei den Zuckerlösungen mit höherer Konzentration fließen in den Magen transpylorische Säfte (so bezeichnete Dagajew den Inhalt des Zwölffingerdarms – *der Verf.*), die die alkalische Reaktion seines Inhalts bedingen."[12]

Die Versuche zur Verdauung der Kohlenhydrate im Magen nach der Pylorektomie wurden mit Amylodextrin durchführt. Diese Untersuchungen wurden am Hund im Anschluss an die Magenresektion nach Billroth-I durchgeführt. Bekanntlich wird Amylodextrin im Magen des Hundes im Normalfall nicht abgebaut, weil in seinem Speichel Ptyalin fehlt. Es wird ausschließlich im Darm abgebaut.

---

[11]*Anthologie der Geschichte der russischen Chirurgie,* Bd. 2, S. 86.
[12]*Anthologie der Geschichte der russischen Chirurgie,* Bd. 2, S. 88.

An „Woltschok" und „Druschok" wurden jeweils elf Versuche unternommen. In zwei Versuchsserien wurde die 5-prozentige Amylodextrinlösung in einer Menge von 200 und 600 cm^3 in den Magen der Hunde eingeführt. Im nicht operierten Magen ist der Zucker gar nicht enthalten, im teilresezierten Magen ist in allen Versuchen der freie Zucker vorhanden. Die Reaktion des Mageninhalts ist aufgrund des Übertritts der „transpylorischen Säfte" in den Magen immer alkalisch. Der Chemismus der Verdauung selbst ändert sich auch: Im Magen des operierten Hundes erfolgt jene Verdauungsfunktion, die in einer normalen Situation nur für den mittleren Darmbereich typisch ist.

Bei der Diskussion der Ergebnisse, die während der Fütterung des nach Billroth-I operierten Hundes mit Fett zustande kamen, geht Dagajew von den zur damaligen Zeit vorhandenen Angaben aus (I. P. Pawlow, P. P. Chischin, I. O. Lobassow, T. M. Wirschubski, W. N. Boldyrew), nach denen die Sekretion des Magensaftes bei fetthaltiger Nahrung unterdrückt wird, seine Azidität sinkt und der Übertritt von Gallenflüssigkeit und Pankreassaft in den Magen zu beobachten ist. Ähnliche Daten erhielt Dagajew auch in seinen Versuchen an dem nicht operierten Hund. Das Gewicht des Mageninhalts blieb in allen Versuchen bei recht niedrigen Werten; niedrig war auch die Azidität. Das Chymusgewicht war bei dem nicht operierten Hund höher als bei dem aus der Kontrollgruppe und stieg mit der zunehmenden Dauer der Verdauung. Dies beweist den Übertritt des Inhalts des Zwölffingerdarms in den Magen, was günstige Voraussetzungen für Fettverdauung schafft. Der Magen, der keinen Pylorusteil hat, befreit sich von den Fettstoffen langsamer als der normale. Bei motorischer Verlangsamung der Verdauung wird ihre Intensität wesentlich erhöht, darauf weisen gesteigerte Prozesse des Fettabbaus und der Fettaufspaltung hin.

Bei der reinen Eiweißverdauung, die bei der Verabreichung von Fleisch an den Hund zu beobachten ist, erhielt Dagajew folgende Ergebnisse: Wenn dem normalen Hund Hackfleisch verabreicht wurde, wurde dieses innerhalb von drei Stunden im Wesentlichen verdaut. Binnen drei Stunden hat der Magen eine beträchtliche Menge Fleisch in den Darm weitertransportiert. Unter den analogen Verhältnissen wurde bei dem operierten Hund Fleisch einer geringeren chemischen Verarbeitung ausgesetzt, und in den Darm gelangte eine geringere Fleischmenge. Bei allen Versuchen verblieb im operierten Magen fast doppelt so viel Stickstoff wie im normalen. Aus allen Versuchen mit Fleisch zieht Dagajew die Schlussfolgerung, dass der Magen des operierten Hundes seine Arbeit etwa um die Hälfte langsamer als der normale verrichtet.

Bei den Versuchen mit Fleisch blieb die Reaktion des Mageninhalts sauer, was beweist, dass es in diesem Falle entweder gar keinen Reflux des Inhalts des Zwölffingerdarms in den Magen gab oder dieser unwesentlich war und die alkalische Reaktion des Mageninhalts nicht ändern konnte.

Die Versuche mit Zucker, Amylodextrin und Schweinefett wurden mit der gleichen Nahrung durchgeführt. Dagajew untersuchte die Verdauungsfunktion des Magens ohne Pylorus auch bei der Verabreichung einer Nahrung, die viele lebensnotwendige chemische Stoffe enthielt. Als solche Nahrung gilt für den Hund vor allem Brot. Aus den Schriften der Mitarbeiter von Pawlow (P. P. Chischin, I. O. Lobassow) war bekannt, dass als Reaktion auf die Gabe von Brot eine geringere Magensaftsekretion beobachtet wird als bei Fleisch. In den Versuchen mit Brot stellte sich heraus, dass der Mageninhalt des operierten Hundes eine recht stark ausgeprägte Azidität aufweist. In diesem Zusammenhang stellte Dagajew fest, dass „der operierte Magen in einer gewissen Weise die Sekretion der ‚transpylorischen Säfte' regelt."[13]

Die Brotverdauung verläuft bei fehlendem Magenpförtner wesentlich langsamer als im normalen Zustand. Die Art und Weise der Verdauung der Eiweißstoffe ist sowohl nach der Gastroduodenostomie als auch im Normalfall gleich. Bei dem operierten Hund wurden die Kohlenhydrate dank des Flusses der Säfte aus dem Darm wesentlich rascher verdaut. Bei der Operation nach Billroth-I nähert sich die Magenverdauung bei Brotverzehr der normalen duodenalen Verdauung an.

Die Versuche mit Milch zeigten, dass der Gesamtverlauf der Verdauung bei der Gastroduodenostomie (Billroth-I) um die Hälfte langsamer als normal vonstattengeht. Im Laufe der ersten Stunde tritt Milch gleichmäßig mit allen Komponenten in den Darm über, ohne im Magen zu koagulieren. Die Intensität der Spaltung der gelösten Eiweißstoffe und Kohlenhydrate bleibt konstant, der Umfang der Eiweißverdauung ist wesentlich niedriger als im Normalfall. Die Fette werden wesentlich zügiger gespalten. Der retrograde Übertritt der „transpylorischen Säfte" in den Magen ist auf allen Verdauungsstufen zu beobachten und die Reaktion des Magengehalts ist alkalisch.

Die Untersuchung der Verdauung im Darm führte Dagajew bei der Gastroduodenostomie an den Hunden „Bobik" und „Kaschtan" durch, denen, wie bereits betont, die Darmfistel 125 cm oberhalb der Ileozökalklappe angelegt worden war. Der Kontrollhund „Belka" hatte die gleiche Darmfistel erhalten.

Die Schlussfolgerung, zu der der Verfasser der Dissertation gelangte, läuft auf Folgendes hinaus: Bei den Hunden, die einer Pylorektomie unterzogen worden waren, dauert die Darmverdauung doppelt so lange wie im Normalfall. Die ergiebigste Sekretion fällt in die erste Verdauungsstunde. Die Eiweißverdauung verläuft langsamer als im Normalfall. Bei der Verdauung der Kohlenhydrate wurden keine Abweichungen von der Norm festgestellt. Die Spaltung der Fette bleibt etwas hinter der Norm zurück.

Der Hund „Scholty" wurde nach dem Bilroth-II-Verfahren mit einer Magenfistel im Fundusbereich operiert.

Die allgemeine Schlussfolgerung, zu der Dagajew gelangte, ist folgende: Der Magen von „Scholty" befreit sich von der Zuckerlösung um ein Drittel langsamer als der nach dem Billroth-I-Verfahren operierte Magen.

Die Versuche mit Amylodextrin zeigten, dass die Reaktion des Magengehalts alkalisch ist und der Austritt der „transpylorischen Säfte" in allen Stadien der Verdauung erfolgte. Die Magenverdauung ähnelte der normalen Verdauung im mittleren Abschnitt des Dünndarms, wo Glykogen im alkalischen Medium konvertiert wird.

---

[13]*Anthologie der Geschichte der russischen Chirurgie*, Bd. 2, S. 102.

In den Versuchen mit Fett ist die Reaktion des Magengehalts alkalisch. Der nach der Billroth-II-Operation verbleibende Restmagen wird von dem Fett wesentlich langsamer befreit als im Normalfall und wesentlich langsamer als nach der Resektion nach Billroth-II. Während der gesamten Verdauung vollzieht sich der Reflux des Inhalts des Zwölffingerdarms, was die alkalische Reaktion des Mageninhalts und die Fettaufspaltung im Magen bedingt. Dieser retrograd verlaufende Prozess ist aber geringer ausgeprägt als nach Anwendung des Billroth-I-Verfahrens. Die Intensität der Fettspaltung ist in den ersten zwei Stunden herabgesetzt, während der weiteren drei Stunden übertrifft sie die Norm und kommt der Intensität nach der Billroth-I-Operation fast gleich.

Die Versuche mit Fleisch zeigten, dass der Magen von „Scholty" dieses sehr langsam in den Darm transportiert. Beim Verzehr des Hackfleisches gehen binnen drei Stunden der Verdauung nur 17 Prozent in den Darm über. Die Ursache für den langsamen Weitertransport des Fleisches ist die mechanische Insuffizienz des Magens. Darin sieht Dagajew eine gewisse biologische Zweckmäßigkeit: Während des langsamen Transportes des Fleisches in den Darm spaltet es der Magen zugleich weitgehend auf und überlässt dem Darm weniger Arbeit als der normale Magen. Die Reaktion des Mageninhalts blieb bei allen Versuchen säuerlich; das konnte das Ergebnis des fehlenden bzw. unwesentlichen Auftretens des Effekts des retrograden Einströmens der „transpylorischen Säfte" in den Magen sein. „Es ist eine Tatsache", fasst Dagajew zusammen, „die insofern interessant ist, als der Reflux vielleicht nicht das Ergebnis neuer anatomischer Verhältnisse ist, sondern dadurch bedingt wird, dass eine gewisse Nahrungsart auch einen gewissen Grad der Sekretion der duodenalen Säfte verursacht."[14]

Bei den Versuchen mit Brot fällt als erstes die Tatsache auf, dass die Verdauung 14 h nach dem Beginn der Nahrungsaufnahme zu Ende geht, d. h. sie dauert doppelt so lange wie im Normalfall und zwei Stunden länger als bei der Gastroduodenostomie (Billroth-I). Das beschleunigte Tempo des Übergangs der Nahrung aus dem Magen in den Darm fällt nicht wie sonst üblich auf die dritte bzw. vierte Stunde, sondern auf die achte Stunde. Die Reaktion des Mageninhalts ist sauer. Die Eiweißverdauung fällt etwas geringer aus als im Normalfall sowie nach der Billroth-I-Operation.

Beim Milchverzehr geht der Prozess der Magenverdauung erst nach zwölf Stunden zu Ende. Von den Milchkomponenten verlassen die stickstoffhaltigen Stoffe den Magen am langsamsten. Der Umfang des Abbaus der gelösten Eiweißstoffe ist etwa der gleiche wie auch im Normalfall und nach der Gastroduodenostomie. Der Abbau der Kohlenhydrate verläuft in allen Fällen ungefähr gleich. Der Koeffizient des Fettabbaus ist höher als im Normalfall und der gleiche wie auch bei der Gastroduodenostomie.

Die Versuche mit der Darmfistel am Hund „Werny" zeigten, dass die Dauer der Verdauung nur die Hälfte der Norm betrug und der Verdauungsdauer bei der Gastroduodenostomie gleich ist. Die Exkretion verläuft während der gesamten Verdauungszeit in gleichmäßigem, verlangsamtem Tempo. Die Eiweiß- und

---

[14]*Anthologie der Geschichte der russischen Chirurgie*, Bd. 2, S. 123.

Kohlenhydrateverdauung ist etwas geringer als im Normalfall und nach der Billroth-I-Operation.

Interessante Ergebnisse erhielt Dagajew während der Versuche am Hund „Maltschik", bei dem der Magen komplett entfernt, das abdominale Ende der Speiseröhre mit dem Zwölffingerdarm verbunden und die Darmfistel 125 cm oberhalb der Ileozökalklappe angelegt wurde.

Die Versuche an diesem Hund wurden mit Fleisch durchgeführt – einem Produkt, das hauptsächlich im Magen verdaut wird; mit Fleisch gemischt mit Fett und Speisestärke, die bei Hunden ausschließlich im Magen verdaut werden; sowie mit Milch.

Zeitlich verlief die Fleischverdauung in folgender Reihenfolge: Die besonders ergiebige Sekretion fiel auf das erste Drittel der ersten Stunde, aber gegen Ende der ersten Stunde schwand sie schrittweise. Zu Beginn der zweiten Stunde nahm das Ausmaß der Sekretion erneut zu, dann sank sie wieder. Es ist eine gewisse Ähnlichkeit zwischen der Fleischverdauung bei einem Hund ohne Magen und einem Hund mit einer normalen Fleischverdauung festzustellen.

Bei der Eiweißverdauung sind drei Zeitabschnitte festzustellen. Auf allen Verdauungsstufen werden die Eiweißstoffe ab der ersten Portion im Darm verdaut, wobei diese Verdauung schrittweise verstärkt wird und gegen Ende einer normalen Verdauung nahe kommt.

Bei der Verwendung des Gemisches von Fleisch und Speisestärke verläuft die Verdauung im Darm wie auch beim Verzehr des reinen Fleisches. Der Sekretionsverlauf wird nach der Zusammensetzung des Chymus in drei Perioden unterteilt. Fleisch, das zusammen mit der Speisestärke verzehrt wird, bleibt in der ersten Stunde im Darm und nur kleine Portionen von beiden werden im Darm weitertransportiert. Dank ihrer engen Berührung mit dem Verdauungssaft werden sie im Wesentlichen verdaut. Während der nächsten 100 min strömen dagegen Fleisch und Speisestärke in relativ geringer Menge nach unten durch den Darm und die Nahrung passiert den Darm bis zum oberen Abschnitt des Dünndarms, der durch die Verdauungssäfte wenig betroffen ist. Dank dem Verbleib des Fleisches in den oberen Abschnitten wird es besser verdaut – Eiweißstoffe und Kohlenhydrate werden in tiefer liegenden Darmabschnitten abgebaut. Die Resorption der stickstoffhaltigen Stoffe ist wesentlich höher als bei der Ernährung allein mit Fleisch.

Bei der Ernährung des Hundes nach der Gastrektomie mit dem Gemisch aus Fleisch, Speisestärke und Schweinefett endet die Verdauung nach 3 h 40 min, wie auch bei der Verwendung des reinen Fleisches. Bei dem Gemisch aus Fleisch und Fett geht die Verdauung nach 4 h 20 min zu Ende. Zunächst wird der flüssige gelbliche Chymus abgesondert und erst 18 min nach dem Beginn der Fütterung werden aus der Fistel einzelne Stückchen Fleisch, die durch die Säfte praktisch nicht verändert sind, abgegeben. Solcher Chymus wird im Laufe von 1 h 20 min abgesondert. Anschließend und bis zum Ende des Versuchs wird der normale Darmchymus abgesondert. Während der Darmexkretion zeigen sich zwei Perioden ganz deutlich: die erste, in der der Chymus fast ausschließlich aus den wenig veränderten Fleischteilchen besteht; und die zweite, in der Fleisch nicht mehr deutlich zu erkennen ist und der Chymus dem normalen Darmsaft ähnelt. Während der ersten Hälfte des Versuchs enthält der Chymus in relativ geringer Menge Stickstoff, vorwiegend in Form ungelöster Stoffe. Kohlenhydrate werden gespalten, bis Zucker und Dextrine abgesondert werden. In den letzten zwei Stunden der Exkretion verläuft die Absonderung aller Komponenten mehr oder weniger gleichmäßig, dabei wird Stickstoff vorwiegend in Form gelöster Stoffe abgesondert; die Kohlenhydrate sind alle bis zu Zucker und Dextrinen gespalten. Es wurde genauso viel Stickstoff wie auch im Experiment mit Fleisch resorbiert (12 %); gut wurden Kohlenhydrate (89 %) und teilweise Fette (13 %) resorbiert.

Bei der Ernährung mit Milch dauerte die Sekretion 2 h 45 min und drei Perioden wurden deutlich voneinander abgegrenzt.

Bei dem normalen Hund „Belka" wurden unter den gleichen Bedingungen etwa 26 % des Stickstoffs, 46 % der Kohlenhydrate und 85 % der Fette aufgenommen. Ausgehend von diesen experimentellen Daten kommt Dagajew zum Schluss, dass sich bei der Ernährung des Hundes mit Milch nach der Gastrektomie drei deutlich abgrenzbare Zeitabschnitte zeigen: Zunächst wird die nicht koagulierte Milch, dann verkäste Milch und zum Schluss der normale Darmchymus abgesondert. Die besonders ergiebige Sekretion fällt insgesamt auf die erste Verdauungsstunde. Der meiste Stickstoff wird im ersten Drittel der ersten Verdauungsstunde verdaut. Die Kohlenhydrate werden in der zweiten Digestionsperiode zügig verdaut, wenn die verkäste Milch sichtbar wird; die Fettverdauung verläuft gleichmäßig. Die Verdauung der Eiweißstoffe und der Abbau der Fette liegen nahe der Norm.

Die Resorption der wichtigsten Milchkomponenten ist zufriedenstellend und kann als normal bezeichnet werden.

Auf der Grundlage des reichen empirischen Datenmaterials formulierte Dagajew einige allgemeine Schlussfolgerungen, denen eine wichtige Bedeutung für das Verständnis der Rolle des Pylorus bei der gesamten Verdauung und im Hinblick auf die veränderten Magenfunktionen nach Pylorektomie zukommt.

Bei der Lösung der Frage nach der Rolle des Pylorusabschnitts bei der Sekretionsfunktion des Magens war Dagajew von den Schriften solcher Autoren wie K. N. Krschischkowski, G. P. Seleny, W. W. Sawitsch und Gross ausgegangen; aufgrund ihrer Forschungen war bekannt, dass unterschiedliche Nahrungsstoffe und deren Verdauungsprodukte, die in den abgesonderten Teil des Magenbodens eingeführt werden, keine Sekretion des Magensaftes auslösen. Wenn sie aber in die Pars pylorica eingeführt werden, lösen sie die entsprechenden Funktionen über den Magenboden aus.

Die Versuche Dagajews an den Hunden mit dem entfernten Pylorusabschnitt zeigten nun, dass sowohl bei der Magenresektion nach Billroth-I als auch bei der Resektion nach Billroth-II die Magensekretion abnimmt. „Die Magensekretion", bemerkte er, „lässt nach der Entfernung des Pförtnerteils wesentlich nach: Bei fast allen Versuchen stellten wir die Tatsache fest, dass zu jedem Zeitpunkt der Verdauung im Magen weniger Magensaft enthalten ist, als im Normalfall. Das zeigt sich bei den Versuchen mit Brot, vor allem aber mit Milch besonders deutlich."[15]

Auf der Grundlage aller durchgeführten Versuche formulierte Dagajew seine Theorie der motorischen Funktionen des Magenpförtners. Laut dieser Auffassung ist dieser ein Schlauch, der sich rhythmisch kontrahiert; mit einem Ende ist er mit dem Magenreservoir verknüpft, dessen Inhalt „abgesaugt" wird, und mit peristaltischen Kontraktionen wird dieser Inhalt an das entgegengesetzte Ende transportiert.

„Aber", betont Dagajew „da der Pylorusabschnitt oberhalb der Nahrung liegt, die sich auf dem Magenboden befindet, kann man ihn mit einem Transportband vergleichen, das der Weiterbeförderung der Nahrungsmasse dient, die im Fundus liegt. Deshalb spielt der Pylorusteil bei der Entleerung der Nahrung aus dem Magen nicht die Rolle einer regelnden Bremse, sondern eher die eines regelnden Beschleunigers".[16]

Warum verbleibt die Nahrung nach der Pylorektomie länger als im Normalfall im Magen? Dagajews Versuche zeigten: Wenn der Pförtner mit seinen starken Muskeln vorhanden ist, wird der Widerstand der Darmkontraktion leicht überwunden. Nach einer Pylorektomie wird dieser Widerstand durch die schwache Kontraktion des Fundus ventriculi überwunden.

Der Weitertransport der Nahrung aus einem Magen, der keine Pars pylorica besitzt, ist zum einen durch die peristaltischen Darmkontraktionen bedingt, zum anderen durch den auf den Magenfundus wirkenden Reflex des Zwölffingerdarms, der unter der Einwirkung des sauren Mageninhalts auf das Duodenum entsteht.

Das Fehlen des Pförtners verändert somit nicht nur die Funktionsabläufe im Magen, sondern beeinflusst zugleich die Funktionen des Dünndarms und ändert wesentlich das Zusammenwirken des Darms mit dem Magen.

Bei dem langsamen Transport der Nahrung in den Darm baut der Magen ohne Pylorus die einzelnen Komponenten langsamer ab und leistet gleichzeitig weniger vorbereitende Arbeit für den Darm als der normale Magen. Der Darm korrigiert jene Abweichungen in der Nahrungsverarbeitung, die infolge neuer anatomisch-physiologischer Bedingungen bei der Magenfunktion eingetreten sind. Bei dem Verzehr bestimmter Nahrungsarten wird das Zusammenwirken von Magen und Darm insofern verändert, als die unteren Darmabschnitte eine verstärkte Funktion bei der Kompensation der Defizite in der Verdauung übernehmen, die in den oberen Abschnitten des alimentären Kanals entstanden sind. Auf der Grundlage der durchgeführten Versuche kam Dagajew zu dem Schluss, dass „der Darm sich an den Verdauungsgrad der Nahrung anpasst, die dorthin aus dem Magen gelangt, die Abweichungen der Magenverdauung korrigiert und den Prozess in den Normbereich bringt. Dementsprechend ändert sich die für die Verdauung im Darm notwendige Zeitspanne; sie dauert doppelt so lange an

---

[15]*Anthologie der Geschichte der russischen Chirurgie*, Bd. 2, S. 170.
[16]*Anthologie der Geschichte der russischen Chirurgie*, Bd. 2, S. 158.

wie bei Normverhältnissen; in Details ändert sich das Exkretionsbild, aber der Gesamtchemismus der Verdauung weicht nur geringfügig von der Norm ab."[17]

Besonderes Augenmerk richtet Dagajew auf die Anpassung der Magenverdauung an unterschiedliche Nahrungsarten. Es stellte sich heraus, dass bei diesem Prozess strikte Zweckmäßigkeit herrscht und die Magenfunktionen von den anatomischen Verhältnissen, die als Ergebnis der Operation entstanden waren, nicht eindeutig vorbestimmt sind. Bei der Verdauung von Fleisch und Brot bleibt die Reaktion des Mageninhalts immer sauer; bei der Verdauung von Kohlenhydraten und Fetten ist sie immer alkalisch. Dies hängt sowohl vom Grad der Sekretion des Magensaftes als auch vom Ausmaß des Übertritts der „transpylorischen Säfte" in den Magen ab. Auf der Grundlage seiner experimentellen Daten kommt der Autor der Dissertation zum Schluss, dass „jedem Nahrungsstoff eine bestimmte Art des Übertritts der ‚transpylorischen Säfte' in den Magen entspricht."[18]

Der Reflux des duodenalen Inhalts ändert auch den Chemismus der Magenverdauung. Eine ausführliche Analyse der Versuchsdaten zeigte, dass sich mit dem Zurückfließen der „transpylorischen Säfte" in den Magen Verdauungsprozesse vollziehen, die im Normalfall dem Zwölffingerdarm und dem oberen Abschnitt des Dünndarms bzw. dem mittleren Abschnitt des letzteren eigen sind, nämlich: der Abbau von Kohlenhydraten, die Abspaltung der Fettsäuren von den neutralen Fetten und weitere Abbauprozesse. Die Verdauung der eiweißhaltigen Nahrung verlief bei den Versuchshunden in den Fällen, in denen die Pepsinwirkung durch die Galle und das alkalische Milieu der transpylorischen Säfte unterdrückt wurden, auf Kosten der Wirksamkeit der pankreatischen Fermente.

Das moderne Verständnis der Funktionsregelung des Organismus lässt die Frage nach dem „retrograden Einfluss" mittels der „Rückreflexe" auf die Funktionen jener Organe, auf die sie gerichtet sind, bedeutsam erscheinen. „Aus physiologischer Sicht", hatte Pawlow angemerkt, „ist folgende Frage äußerst wichtig: Von welcher Stelle des Verdauungskanals aus nimmt die reflektorische Beeinflussung der Magendrüsen ihren Anfang? Ist es nur der Magen selbst oder auch der Darm? Ausgehend von den Daten unserer Versuche muss man sagen, dass dieser Reflex auch von der Schleimhaut des Darms erregt wird."[19]

Wie wir bereits wissen, wurde der reflektorische Einfluss des Zwölffingerdarms von Dagajew während der Untersuchung der Regelung der Entleerung im normalen und operierten Magen immer berücksichtigt. In seiner Serie wurden die Versuche so durchgeführt, dass die Nahrung nur eine Viertelstunde lang in den Kolben gegossen wurde; während „der weiteren drei Viertel Stunden kam sie in die unteren Bereiche des Darms,

---

[17]*Anthologie der Geschichte der russischen Chirurgie*, Bd. 2, S. 177.
[18]*Anthologie der Geschichte der russischen Chirurgie*, Bd. 2, S. 169.
[19]Pawlow, I. P., *Gesammelte Werke*, Bd. II, Buch 2, S. 222.

wodurch die Rückwirkung der unteren Bereiche des Verdauungskanals auf den oberen beibehalten wurde."[20]

Auf der Basis aller seiner experimentellen Daten gelangte Dagajew zur Schlussfolgerung, dass die Billroth-I-Operation physiologischer als die Billroth-II-Methode ist. Über die letztere schrieb er: „Diese Operation, die die anatomischen Verhältnisse des Verdauungstrakts wesentlich mehr stört, schafft im Organismus offensichtlich nicht besonders günstige Voraussetzungen für dessen Existenz. Es ist wahrscheinlich, dass die verlangsamte Verdauung die Aufnahme und die Verarbeitung jener Tagesmenge an Nahrung nicht zulässt, die hinsichtlich der Deckung des Aufwandes für den Stoffwechsel notwendig ist; mit anderen Worten: Die Verdauung kann mit der inneren Metamorphose der Stoffe nicht Schritt halten. Im Magen bildet sich eine Stase, die bei einer übermäßigen Füllung das Erbrechen verursacht."[21]

Die Dissertationsschrift von Wladimir Fjodorowitsch Dagajew war nicht nur damals, als er promovierte, innovativ und auch im internationalen Maßstab herausragend und aktuell, sondern sie bleibt es bis heute. Wir werden gewiss wir nichts Falsches sagen, wenn wir uns seinen Worten anschließen, dass die Untersuchung der Verdauungsfunktionen bei den Hunden „nach der Operation hauptsächlich auf die Untersuchung des Stoffwechsels gerichtet wurde; in der Literatur gibt es keine Versuche, die unseren analog wären."

In diesem Falle geht es um die absolute Priorität der russischen Wissenschaft. Die Arbeit Dagajews wurde sehr umfassend von ausländischen Autoren zitiert.

---

[20]*Anthologie der Geschichte der russischen Chirurgie*, Bd. 2, S. 177.

[21]*Anthologie der Geschichte der russischen Chirurgie*, Bd. 2, S. 178–179.

Open Access Dieses Kapitel wird unter der Creative Commons Namensnennung 4.0 International Lizenz (http://creativecommons.org/licenses/by/4.0/deed.de) veröffentlicht, welche die Nutzung, Vervielfältigung, Bearbeitung, Verbreitung und Wiedergabe in jeglichem Medium und Format erlaubt, sofern Sie den/die ursprünglichen Autor(en) und die Quelle ordnungsgemäß nennen, einen Link zur Creative Commons Lizenz beifügen und angeben, ob Änderungen vorgenommen wurden.

Die in diesem Kapitel enthaltenen Bilder und sonstiges Drittmaterial unterliegen ebenfalls der genannten Creative Commons Lizenz, sofern sich aus der Abbildungslegende nichts anderes ergibt. Sofern das betreffende Material nicht unter der genannten Creative Commons Lizenz steht und die betreffende Handlung nicht nach gesetzlichen Vorschriften erlaubt ist, ist für die oben aufgeführten Weiterverwendungen des Materials die Einwilligung des jeweiligen Rechteinhabers einzuholen.

A. I. Schtscherbakow: die erste moderne Theorie der Ätiologie und der Pathogenese von Magen- und Zwölffingerdarmgeschwüren

4

Inhaltsverzeichnis

Die Biografie von A. I. Schtscherbakow... 67
Die Analyse theoretischer Modelle zur Ätiologie und Pathogenese des Magen- und Zwölffingerdarmgeschwürs in der internationalen Wissenschaft des 19. Jahrhunderts............. 69
A. I. Schtscherbakows Experiment zur Untersuchung von Magensekretion 81
Zur Theorie über die Entstehung und Entwicklung des Magengeschwürs von
A. I. Schtscherbakow 91

Die Geschichte der Wissenschaft ist reich an Entdeckern, die der Vergessenheit anheimgefallen sind. Die russische Vorrangstellung bei der Erforschung der Ätiologie und der Pathogenese des Magen- und Zwölffingerdarmgeschwürs ist ein Beispiel für eine Serie vergessener Entdeckungen. Die Schriften gegenwärtiger Therapeuten – Gastroenterologen und Chirurgen –, die sich mit Problemen der Magenchirurgie befassen, bieten dem Leser eine breite Auswahl von Antworten auf die Frage, wer wann die modernen Vorstellungen zu Ätiologie und Pathogenese des Magen- und Zwölffingerdarmgeschwürs formuliert hat. Die Medizin behandelt die Geschwürerkrankung als Folge der Wirkung von aggressivem Mageninhalt auf die Wände von Magen und Zwölffingerdarm; dabei wird die Bedeutung vielfältiger lokaler (Struktur der Schleimhaut, ihre Blutversorgung u.s.w.) und allgemeiner Faktoren (Störungen des Nervensystems) anerkannt. W. Ch. Wassilenko, A. L. Grebnew und A. A. Scheptulin formulierten in ihrer klassischen Monografie „Die Geschwürerkrankung" diese Auffassung wie folgt:

„Nach den heutigen Vorstellungen wird der Mechanismus der Geschwürbildung sowohl im Magen als auch im Zwölffingerdarm durch die Störung des Zusammenwirkens von aggressivem Magensaft und der eigentlich resistenten Schleimhaut des gastroduodenalen Bereichs ausgelöst. Es handelt sich also um eine Verstärkung des ersten Faktors (Magensaft) und eine Schwächung des zweiten (Schleimhaut). Dementsprechend werden als ätiologische, d. h. zur Entwicklung der Magenerkrankung prädestinierende Faktoren jene angesehen, die die sauren und enzymatischen Eigenschaften des Mageninhalts entweder verstärken (Erhöhung der Sekretion der Salzsäure und des Pepsins, Störung der motorischen Magen- und Zwölffingerdarmfunktion) oder die Resistenz der Schleimhaut des gastroduodenalen Bereichs schwächen können (Schädigung der Schleimhautbarriere, Unterdrückung der Regenerierungsprozesse der Epithelzellen, Störung des Kreislaufs in der Schleimhaut u.s.w.). Angesichts dieser Erkenntnisse – deren Existenz mehrere experimentelle und klinische Beobachtungen bestätigt haben – wird die ätiologische Rolle von Ernährungsfehlern und schädlichen Gewohnheiten, von eingenommenen Arzneimitteln, psychologischen und neurogenen Faktoren sowie von genetisch bedingten Mechanismen behandelt."[1]

Ich möchte hervorheben, dass wir im Rahmen der medizinhistorischen Untersuchung die Entdeckung des Konzepts der Ätiologie und Pathogenese einer Geschwürerkrankung und deren Bedeutung vom heutigen Standpunkt aus diskutieren. Einige Wissenschaftler sprechen die Entdeckung J. Bergmann (1913) zu, andere A. W. Speranski (1930). Manche betonen die Rolle von K. M. Bykow und I. T. Kurzin (1949, 1952). Unter Chirurgen ist die Auffassung verbreitet, dass die These von der aggressiven Magensäure und der geschädigten Schleimhaut A. Schey (1959) zuzuschreiben ist.

Schtscherbakow hat am Ende des 19. Jahrhunderts als Erster in der Welt die Theorie von der Ätiologie und Pathogenese der Geschwürerkrankung formuliert. Um A. I. Schtscherbakows Priorität zu begründen, habe ich die Werke von Schtscherbakow selbst und die berühmte Schrift „Historisches, Kritisches und Positives zur Lehre der Unterleibsaffectionen" von Rudolf Virchow verglichen und analysiert.[2] In der sowjetischen Geschichtsschreibung hat sich die Vorstellung von R. Virchows Priorität mit Bezug auf diese Arbeit entwickelt. Zu meiner großen Überraschung hat keiner der bekannten sowjetischen (und auch nicht sowjetischen) Chirurgen sowie Spezialisten für Gastroenterologie auf diese Arbeit verwiesen oder ein einziges Fragment davon reproduziert.[3] Schtscherbakow Vorrangstellung war den russischen Wissenschaftlern am Anfang des 20. Jahrhunderts gut bekannt. Später aber hörte man auf, auf Schtscherbakow zu verweisen; seine Schriften fielen dem Vergessen anheim.

---

[1]Wassilenko, W. Ch., Grebnew, A. L., Scheptulin, A. A.: *Die Geschwürerkrankung*. Moskau, 1987.
[2]Virchow, R., Historischen, Kritisches und Positives zur Lehre der Unterleibsaffectionen. *Virchow's Archiv*, 1853.
[3]Diese klassische Arbeit von R. Virchow wurde zuerst ins Russische übersetzt und als Anhang zur russischen Ausgabe dieses Buches veröffentlicht. Balalykin, D. A., Prioritäten der russischen Wissenschaft im Bereich der Physiologieforschung und der experimentellen Magenchirurgie im 19. Und frühen 20. Jh., 2. Aufl., Moskau, 2013. S. 158–224.

Anscheinend hat hier leider die extreme Politisierung der sowjetischen Wissenschaft eine Rolle gespielt. Offensichtlich wurde A. I. Schtscherbakow bei den Historikern der Wissenschaft der frühen Sowjetzeit als ein politischer Feind gesehen – als einer der sogenannten weißen Emigranten, d. h. Wissenschaftler, die die antibolschewistische Bewegung unterstützten und nach Westen emigriert sind. Die Namen von hervorragenden russischen Wissenschaftlern, die eine solche Wahl getroffen haben, sind in Vergessenheit geraten und ihre Leistungen wurden vollständig ignoriert.

Die Wissenschaftshistoriker dürfen keinesfalls die Fortschritte der russischen Medizin in der Sowjetperiode herunterspielen. Jedoch ist es offensichtlich, dass im Bereich der Magenchirurgie die sowjetische Wissenschaft Mitte des 20. Jahrhunderts in vielerlei Hinsicht unter dem Niveau anderer entwickelter Länder anzusiedeln ist. Die wissenschaftliche Kontinuität, die Beziehung zu den Schriften unserer Forscher Ende des 19. bzw. Anfang des 20. Jahrhunderts war unterbrochen. Wir sehen, dass die Leistungen der Physiologie und der experimentellen Magenchirurgie, die mit der Arbeit von I. P. Pawlow und seiner Schule, mit W. F. Dagajew, A. I. Schtscherbakow und anderen verbunden ist, in der Heimat kaum berücksichtigt wurden.

Die Biografie von A. I. Schtscherbakow

Schtscherbakow wurde 1858 in Moskau geboren. Nach dem Abitur am zweiten Moskauer Gymnasium besuchte er die naturwissenschaftliche Abteilung der physikalisch-mathematischen Fakultät der Kaiserlichen Moskauer Universität. Nach dem Abschluss dort (1879) arbeitete er als Laborant im Labor für organische Chemie bei dem bekannten Chemiker Professor W. W. Markownikow (organische Chemie). Hier schloss Schtscherbakow seine ersten wissenschaftlichen Studien ab, die der Untersuchung der Eigenschaften von Zinkpropyl gewidmet waren. Zugleich nahm Alexej Iwanowitsch das Studium an der medizinischen Fakultät der Moskauer Universität auf (im dritten Studienjahr), das er 1883 abschloss. Von 1885 bis 1887 war er ohne feste Anstellung in der propädeutischen Klinik von Professor M. P. Tscherinow (1874–1905) tätig. Im Labor des Instituts für Allgemeine Pathologie arbeitete er bei Prof. A. B. Focht. Unter dessen Leitung bereitete er seine Dissertation *„Über die Bedingungen der Entwicklung des runden Magengeschwürs (Ulcus ventriculi chronicum rotundum)"* vor, die er 1892 erfolgreich beendete. Damals arbeitete er auch als Assistent an der propädeutischen Klinik und zugleich als Privatdozent an der Klinik für Innere Krankheiten.

Laut den Erinnerungen von W. P. Filatow, damals Student an der Moskauer Universität, „waren die engsten Mitarbeiter Tscherinows die Dozenten A. I. Schtscherbakow und A. I. Predtetschenski. Manchmal haben sie statt Tscherinow vor den Studenten referiert. Sie führten ausgezeichnete praktische Unterrichtsveranstaltungen (über die physikalischen Forschungsmethoden und Analysen) durch. Beide wurden später große Wissenschaftler und Professoren. 14 Jahre später traf ich A. I. Schtscherbakow in Odessa." Alexej Iwanowitsch war nicht nur für Professor Tscherinow eingesprungen, sondern trug auch ergänzend zum Hauptkurs der Diagnostik gemeinsam mit dem Privatdozenten N. S. Kischkin und G. N. Gabritschewski den Kurs *„Chemische, physikalische und mikroskopische Verfahren zur Untersuchung der inneren Organe"* vor.

Im März 1895 wurde Schtscherbakow zum Professor an der Kaiserlichen Universität Warschau ernannt. Er besetzte den Lehrstuhl der therapeutischen Hospitalklinik, der wegen des Todes seines Leiters Professor Jakow Jakowlewitsch Stolnikow 1894 vakant geworden war. Seinen Kurs eröffnete Schtscherbakow mit dem Vortrag *„Über die Aufgaben des klinischen Unterrichts der medizinischen Wissenschaft"*. In dieser Rede sprach er davon, dass die Hospitalklinik einen besonderen Charakter habe, der sich von dem anderer Kliniken etwas unterscheide. Laut dem damals üblichen Unterrichtsplan besuchten die Studenten die medizinische Klinik drei Jahre lang. Im ersten Jahr wurde in der propädeutischen Klinik hauptsächlich praktische Semiotik – die Lehre von der Ermittlung der Krankheitszeichen bei den Kranken und das Vermögen, die Bedeutung dieser Zeichen einzuschätzen – studiert. In der Fakultätsklinik (viertes Studienjahr) und in der Hospitalklinik (fünftes Studienjahr) wurde der Unterricht im vollen Umfang geführt, den die Pflichten des Arztes gegenüber den Kranken erforderten.

Im Warschau veröffentlichte Schtscherbakow die Monografie *„Zur Schlammkur geeignete Gegenden im Europäischen Russland"* (1898). Er veröffentlichte die Aufsätze *„Über einige Methoden zur Untersuchung des Stoffwechsels und des Blutes"* (1900) und *„Grundriss über die Salzseen in Lyssyje Gory"* (1902).

Von 1903 bis 1905 wirkte er auch als Dekan der medizinischen Fakultät der Universität Warschau. Wegen der Schließung dieser Universität von 1905 bis 1908 wurde er an die Neurussische Universität (Odessa[4]) zwecks Leitung des vakanten Lehrstuhls der Hospitalklinik versetzt (Oberste Verordnung vom 28. Juli 1907). Außerdem wirkte er seit dem 19. Januar 1908 als Prorektor der Neurussischen Universität. Nach Warschau kehrte Schtscherbakow nicht mehr zurück. Am 4. Juli 1908 wurde er zum Kurator des Lehrbezirks Odessa ernannt. Am 18. März 1913 wird er in den Lehrbezirk Riga als Kurator versetzt, zu welchem die Gouvernements Kurland, Livland und Estland gehörten.[5]

Während des Bürgerkriegs zog Schtscherbakow wieder nach Odessa, wo er als Privatdozent an der medizinischen Fakultät der Neurussischen Universität tätig war.

1919 wurde in Odessa für einige Monate die Sowjetmacht hergestellt. Mit der Verordnung des Kommissars für Bildungswesen wurde Schtscherbakow „aus dem Dienst an der Neurussischen Universität entlassen und aus den Listen ihrer Dozenten ausgeschlossen". Im Juni desselben Jahres wurde er von der außerordentlichen Kommission von Odessa verhaftet, in deren unrühmlich bekannten Kellern er einige sehr schwere Wochen verbrachte.

---

[4]Diese Stadt liegt heute auf dem Staatsgebiet der Ukraine.
[5]Heute ist es das Territorium der unabhängigen EU-Staaten Litauen, Lettland und Estland.

Nach der Besetzung Odessas 1919 durch die Freiwilligenarmee[6] erhielt er wieder eine Stellung an der Universität. Damals wurde der Lehrstuhl der ärztlichen Diagnostik an der propädeutischen Klinik vakant; der gleiche Lehrstuhl war auch in Odessa im obersten medizinischen Seminar für Frauen frei. Alexej Iwanowitsch wurde mit der Leitung beider Lehrstühle beauftragt.

1919 veröffentlichte er seinen *„Grundriss über den Mineralschlamm im Süden Russlands"*. An der Universität und im Seminar arbeitete er auch im Januar des nächsten Jahres, aber Anfang Februar 1920 gelang es ihm, Odessa vor der Rückkehr der Bolschewiken zu verlassen. Nach Russland ging er nicht mehr zurück. Den Rest seines Lebens verbrachte er in Belgrad. In der Emigration arbeitete er erfolgreich; er bekleidete eine Professur an der Universität Belgrad und erreichte viel für die Entwicklung der Klimalehre und der Balneologie in Jugoslawien.[7]

Die Analyse theoretischer Modelle zur Ätiologie und Pathogenese des Magen- und Zwölffingerdarmgeschwürs in der internationalen Wissenschaft des 19. Jahrhunderts

Wesentliches Charakteristikum der Medizinentwicklung in der zweiten Hälfte des 19. Jahrhunderts war – wie bereits ausführlich dargestellt – die zunehmende Orientierung an den Prinzipien und Erkenntnissen der Naturwissenschaften. Die methodische Grundlage der Forschung von Alexej Iwanowitsch Schtscherbakow zielte darauf ab, mit naturwissenschaftlichen Methoden, ausgehend von der Einsicht in die biologischen Prozesse, eine Analyse des Wesens der Geschwürerkrankung zu erreichen. Als Kliniker und Experimentator kannte er den Stand der Forschung im Bereich jener Probleme, die ihn interessierten, und die Schwierigkeiten, mit denen die Kliniker der damaligen Zeit in ihrer Praxis zu tun hatten.

„Mit Stolz aber haben wir das Recht zu sagen", schrieb Schtscherbakow, „dass die Aufgabe der heutigen Medizin voll und ganz aus dem Streben besteht, sie auf den Boden der strikten, genauen Wissenschaft zu stellen, sie von dem Einfluss der Person, der persönlichen Fertigkeit, zu befreien. Eine Aufgabe, die vielleicht erst in unendlich entfernter Zukunft realisierbar ist, die uns dennoch als heller Stern erscheint, der unsere Wissenschaft zu wahrem Fortschritt und Gedeihen führt."[8]

---

[6]Die Freiwilligenarmee ist ein operativ-strategischer Zusammenschluss der Weißen Armee (antibolschewistische Armee), der 1918–1920 im Süden Russlands existierte.

[7]Jugoslawien war ein europäischer Staat, der sich im Jahr 2008 aufgelöst hat. Derzeit befinden sich die Staaten Serbien, Kroatien, Slowenien, Nordmazedonien, Montenegro und Bosnien und Herzegowina au f dem Territorium des ehemaligen Staates.

[8]Schtscherbakow, A. I., *Über die Bedingungen der Entwicklung des runden Magengeschwürs (Ulcus ventriculi chronicum rotundum)*. Moskau, 1891, S. 10.

Er war zutiefst überzeugt, dass die Implementierung der Methode des wissenschaftlichen Experiments in die Untersuchung der klinischen Phänomene die Denkweise des Arztes ändert und dass die Probleme im Verständnis der pathologischen Prozesse und ihrer Ursachen auf eine neue Art und Weise anzugehen sind. Er unterstrich, dass beim Experimentieren Modelle entwickelt werden, die Details und Zusammenhänge der beobachteten Erscheinungen aufdecken – Einzelheiten, die am Krankenbett recht oft dem Blick des Arztes entgehen, sowohl infolge der Unwiederholbarkeit der Erscheinungen als auch aufgrund des Verlaufs der Krankheit in jedem einzelnen Fall.

Der Arzt kann die Reihenfolge der Krankheitssymptome beobachten, ist jedoch nicht in der Lage, nach eigener Vorstellung diese Symptome zu erzeugen und zu modellieren oder den Verlauf pathologischer Prozesse zu ändern. Der Arzt beeinflusst die Krankheit mit seinen therapeutischen Maßnahmen aktiv, soll jedoch die Behandlung in Kenntnis der wahren Ursachen und Mechanismen der Krankheitsentwicklung sowie bestimmter Informationen über das Wesen des pathologischen Prozesses aufbauen.

Zum besseren Verständnis führen wir eine Aussage von Schtscherbakow aus seinem berühmten Vortrag *„Über die Aufgaben des klinischen Unterrichts der medizinischen Wissenschaft"* vom 17. September 1896 an. Auf dieser Grundlage kann man seine Einsicht in die Bedeutung des Experiments für die Aufdeckung des wahren Wesens pathologischer Prozesse einschätzen:

„Das hergebrachte *post hoc, ergo propter hoc,* das trotz der allgemeinen theoretischen Diskussion nach wie vor eine so wichtige Rolle während der Beobachtung am Krankenbett spielt, wird bei einem richtig geplanten Experiment fast vollkommen ausgeschlossen. Somit wird die in der Klinik beobachtete Erscheinung, die ins Institut der experimentellen Pathologie übertragen wird, von allen zufälligen Nebeneinwirkungen gereinigt, die es bei einem so komplizierten Beobachtungsobjekt gibt, wie es der menschliche Organismus mit seinen unzähligen individuellen Besonderheiten und einem starken Einfluss des psychischen Bereichs ist. Wenn die auf dem Versuchswege gefundene Tatsache in die Klinik eingebracht wird, können wir leichter mit der Masse komplizierter Erscheinungen klarkommen und die uns bereits bekannten, charakteristischen Merkmale von den unwesentlichen, damit offensichtlich im direkten Zusammenhang stehenden trennen."

Somit baute Schtscherbakow die Analyse der Ätiologie und Pathogenese der Ulkuskrankheit auf den Prinzipien der Untersuchung der klinischen Phänomene im Experiment und der Übertragung der Ergebnisse des Experiments auf das Verständnis des komplizierten klinischen Bildes der jeweiligen Pathologie auf.

In der Zeit, die wir beschreiben, gab es in der internationalen Wissenschaft keine ganzheitliche Vorstellung von den Magenfunktionen in gesundem und krankem Zustand. „Das Unwissen um die krankhaften Störungen der Magenfunktionen erschwerte im hohen Maße das Verständnis des Wesens der pathologischen Prozesse, die sich in diesem Organ abspielen, weil die Grundlage seiner Funktionen eben chemische Transformationen darstellen."⁹ Die fehlende ganzheitliche Vorstellung von den Magenfunktionen bei gesunden und kranken Menschen behinderte die nosologische Identifikation der vielfältigen Erscheinungsformen von Magenerkrankungen. „Bestimmte typische Bilder von Magenbeschwerden konnten nicht einmal die besonders hervorragenden Kliniker definieren: Das Bedürfnis, die Krankheitsprozesse zu systematisieren und sie in den Rahmen einer nosologischen Klassifikation zu setzen, stieß auf vollkommen unüberwindbare Hindernisse."¹⁰ Einer der Umstände, der die richtige nosologische Klassifikation verschiedener Formen der Magenpathologie erschwerte, war eine damals verbreitete Vorstellung von der Natur dieser Erkrankungen, die ausschließlich auf pathologisch-anatomischen Daten gründete. Vielfältige chronische Formen von Magenleiden wurden als morphologische Typen aufgefasst: „Catarrhus", „Carcinoma", „Ulcus", „Dilatatio". „Wenn man die Gesamtheit der Magenbeschwerden in diesen engen anatomischen Rahmen setzt, mussten die Kliniker unwillkürlich die ganze unendliche Vielfalt von Erscheinungen, die bei den Magenkranken beobachtet wurden, zu den individuellen Besonderheiten des Organismus rechnen."¹¹

Aus dieser Situation ergaben sich auch die unterentwickelten Methoden der Diagnostik und der Therapie. Das Ansammeln der einzelnen, nicht durch ein einheitliches Modell des pathologischen Prozesses miteinander verbundenen Beobachtungen schuf keine Möglichkeit, eine allgemeine Strategie der Behandlung zu erarbeiten. Darauf weist auch die Tatsache hin, dass Kliniker der damaligen Zeit es für möglich hielten, bei vollkommen gleichen krankhaften Erscheinungen unterschiedliche und mitunter durchaus entgegengesetzte Behandlungsansätze anzuwenden.

Die wahre wissenschaftliche Untersuchung der Magenfunktionen begann mit der Entwicklung des Verfahrens der chemischen Analyse des Mageninhalts und der Untersuchung der im Magen ablaufenden chemischen Reaktionen. „Die Einführung der genauen Forschungsmethoden der Chemie in die Klinik", führte Schtscherbakow aus, „bildete endlich eine stabile Grundlage für die strikt wissenschaftliche Bearbeitung der Magenpathologie. Diese Methoden machten die sorgfältige Analyse jedes einzelnen Falls von Magenbeschwerden möglich; die Diagnose und die Therapie der Magenerkrankungen erhielten somit die Möglichkeit, sich nicht von subjektiven, oft recht trügerischen Empfindungen der Kranken, sondern von zweifelsfreien, objektiven Forschungsdaten leiten zu lassen."¹²

---

[9]Schtscherbakow, A. I., *Über die Bedingungen der Entwicklung des runden Magengeschwürs (Ulcus ventriculi chronicum rotundum)*. Moskau, 1891, S. 1.
[10]Schtscherbakow, A. I., *Über die Bedingungen der Entwicklung des runden Magengeschwürs (Ulcus ventriculi chronicum rotundum)*. Moskau, 1891, S. 1.
[11]Schtscherbakow, A. I., *Über die Bedingungen der Entwicklung des runden Magengeschwürs (Ulcus ventriculi chronicum rotundum)*. Moskau, 1891, S. 1.
[12]Schtscherbakow, A. 1., *Über die Bedingungen der Entwicklung des runden Magengeschwürs (Ulcus ventriculi chronicum rotundum)*. Moskau, 1891, S. 2.

Die Untersuchung der Ätiologie und der Pathogenese der Geschwürerkrankung betrachtete er als ein komplexes Problem, an dessen Lösung neben der pathologischen Anatomie auch Physiologie, Chemie und experimentelle Pathologie mitwirken müssten. Ihm war klar, dass die zu dieser Zeit vorliegenden Fakten und theoretischen Verallgemeinerungen nur den Beginn der wissenschaftlichen Erkenntnis zum Wesen der Geschwürerkrankung darstellten. Jedoch gab es Grund genug zu glauben, dass die Wissenschaft auf dem richtigen Wege sei und Methoden gefunden waren, mit denen man unwiderlegbare Tatsachen ermitteln und überprüfbare wissenschaftliche Theorien entwickeln kann. „Die Einführung der Methoden für die Untersuchung des Mageninhalts in die klinische Praxis", folgerte er, „hatte keine geringere Bedeutung für den Fortschritt unseres Wissens im Bereich der Magenpathologie als beispielsweise die Erfindung der Perkussion und der Auskultation für die Entwicklung der Lehre von den Brusterkrankungen oder des Laryngoskops für Halserkrankungen."[13] Für die mit Abstand wichtigste wissenschaftliche Erkenntnis hielt er die Entdeckung des Zusammenhangs zwischen den Störungen der Magensekretion und dem chronischen runden Magengeschwür.

Seine Untersuchungen zur Ätiologie und Pathogenese der Ulkuskrankheit führte Schtscherbakow im Institut für Pathologie der medizinischen Fakultät der Kaiserlichen Moskauer Universität unter der Leitung von A. B. Focht durch. Der Entwicklung seiner eigenen Schlussfolgerungen ging eine detaillierte Analyse der zu dieser Zeit vorhandenen Modelle zu Ursachen und Entstehung der Geschwürerkrankung voraus. Wir erlauben uns daher, ein ähnliches Vorgehen zu verwenden und die Entwicklungsgeschichte jener Vorstellungen zur Ulkuspathologie zu betrachten, die den Ausarbeitungen von Schtscherbakow vorangegangen sind.

Bis zum Anfang des 19. Jahrhunderts gab es keine Lehre zur Geschwürerkrankung als besondere nosologische Einheit. Die antiken Ärzte Hippokrates und Galen hatten lediglich einige Einzelheiten zur Geschwürbildung in der Magenwand beschrieben.

Im 18. Jahrhundert publizierten einige Autoren Kasuistiken zu Magenperforationen, zu Fistelbildungen, zur Verheilung des Geschwürs mit Narbenbildung und zur spezifischen Veränderung der Organform, d. h. zum Verwachsen des Geschwürs mit dem umliegenden Gewebe. In einem Text von Morgagni kann man beispielsweise eine recht ausführliche pathologisch-anatomische Beschreibung des runden Magengeschwürs finden.

Am Ende des 18. und zu Beginn des 19. Jahrhunderts wurden erste Versuche unternommen, vereinzelte Informationen bezüglich der Ulkusbildung im Magen zu einem einheitlichen Gesamtbild zusammenzuführen (Baille 1798; Voigtei 1804). Ein Beweis für das totale Durcheinander bei der Frage über die wesentlichen Merkmale des

---

[13]Schtscherbakow, A. I., *Über die Bedingungen der Entwicklung des runden Magengeschwürs (Ulcus ventriculi chronicum rotundum)*. S. 2–3.

Magengeschwürs stellt der Beitrag von Abercrombie dar, in dem der Autor das Magengeschwür falsch beschrieben und es mit Krebs verwechselt hat.

Die eigentliche Lehre über das runde Magengeschwür entstand, als Cruveilhier es als eine eigenständige nosologische Einheit in seinen von 1829 bis 1835 veröffentlichten Werken definierte. Er betrachtete das Ulkusleiden als eine gesonderte Krankheit, die zu Lebzeiten des Patienten zu diagnostizieren und auf die therapeutisch einzuwirken sei. Cruveilhier führte die nosologische Bezeichnung „einfaches chronisches Magengeschwür" ein.[14]

Das pathologisch-anatomische Bild des runden Magengeschwürs stellte Cruveilhier mithilfe hervorragender Zeichnungen vor. Ausgehend von seinen eigenen Beobachtungen schilderte Cruveilhier auch das klinische Krankheitsbild recht genau und sehr deutlich. Er beschrieb auch bekannte Verfahren für die Behandlung der Erkrankung. Die Verknüpfung der pathologischen Veränderungen mit dem klinischen Bild war die Grundlage für die Definition des runden Magengeschwürs als einer eigenständigen nosologischen Einheit. Dabei meinte Cruveilhier, dass ihm keine spezifische Ätiologie zugrunde liege. Das Geschwür selbst sei eine Art sekundäre Bildung, die sich auf der Grundlage einer Erosion entwickele, die infolge des pathologischen Prozesses entstehe; diesen bezeichnete bereits Hunter als „Inflammation Ulcerose". Die zunächst entstandene Erosion verwandle sich infolge bestimmter Umstände in ein Magengeschwür. Für Cruveilhier hatte die Geschwürerkrankung keine definierte Ätiologie, weil sie aus seiner Sicht durch jene Ursache ausgelöst wurde, die eine Gastritis verursacht. Für ihn blieb es ein Rätsel, warum das Geschwür besonders oft bestimmte Magenabschnitte befällt.

Überhaupt mangelte es in der Medizin der damaligen Zeit an einer ganzheitlichen Lehre von den Verdauungsstörungen als einem funktionalen Komplex. Im Wortschatz der Ärzte fehlte sogar der Begriff „Dyspepsie". Die Frage nach den Störungen des Verdauungschemismus bzw. nach den Störungen der Resorption wurde nicht aufgeworfen. Folglich war der größte Fortschritt bei den Vorstellungen über die Geschwürerkrankung mit den Leistungen der Pathologen verbunden. Versuche eines funktionalen Ansatzes, die mit der Implementierung der Ideen eines „chronischen Experiments" zusammenhängen, wurden im internationalen wissenschaftlichen Denken nicht unternommen.

Den nächsten bedeutsamen Schritt bei der Erforschung der Geschwürerkrankung unternahm Rokitansky, dessen Schriften zu diesem Thema aus den Jahren 1834 bis 1842 stammen.

Das runde Magengeschwür bezeichnete er wegen dessen Eigenschaft, in die Tiefe der Magenwand einzudringen, als „perforierendes". Er betrachtete das Ulcus ventriculi als eine eigenständige nosologische Einheit und meinte, dass es sich aufgrund seiner Pathogenese von allen anderen im Magen auftretenden Geschwürprozessen unterscheide. Der Entstehung des Ulkus liegt nach Rokitansky die hämorrhagische Erosion zugrunde. Die

---

[14]Cruveilhier, J., *Anatomie pathologique du corps humain*, Bd. 1, Paris, 1829–1835. Livr. 10.

Erosion selbst entwickelt sich infolge des veränderten Sekrets der Pepsindrüsen, das mit einer Hyperämie verbunden ist. Als Folge dieser Vorgänge wird die Schleimhaut in einigen Abschnitten des Magens „zerfressen"; anschließend kommt es zur Hämorrhagie. Hämorrhagische Erosionen können verheilen, aber es kann auch rasch ein Geschwür entstehen, falls die Erosion einen größeren Raum einnimmt; insbesondere dann, wenn die Schädigung tief in die Schleimhaut eindringt. Das Ulkus entwickelt sich also aus dem streng abgegrenzten Herd der Hyperämie oder aus dem begrenzten Abschnitt der Schleimhautnekrose und verwandelt sich in Schorf, wobei als Ausgangspunkt die Bildung einer „normalen" hämorrhagischen Erosion gesehen wird.[15]

Eine Reihe von Autoren versuchte, die Entstehung des Geschwürs durch den Einfluss verschiedener psychologischer bzw. nervöser Faktoren zu erklären. 1845 zeigte Schiff auf der Grundlage seiner Untersuchungen, dass partielle hämorrhagische Infiltrate und das Erweichen der Magenwand auch ohne direkte Einwirkung auf die Schleimhaut zustande kommen können. Diese Veränderungen treten als Folge einer Störung bestimmter Strukturen des Nervensystems auf, die mit der Innervation des Magens zusammenhängen.

In seinen Experimenten mit Kaninchen durchschnitt Schiff den *Thalamus opticus* und den Pedunculus cerebri auf einer Seite. Infolgedessen traten innerhalb von vier Tagen hämorrhagische Infiltrationen und Erweichungen der Magenwand ein. In vielen Experimenten erreichte dieser Wissenschaftler die Entwicklung einer Schleimhauterosion, manchmal auch eines perforierten Ulcus ventriculi. Als Ursache dieser Erscheinungen nahm Schiff Schädigungen der zentralen Bahnen der vasomotorischen Magennerven an. Diese Ideen wurde später von Ebstein und Vulpian weiterentwickelt. Die Liste der Strukturen des zentralen Nervensystems, deren Zerstörung eine Geschwürbildung verursachen kann, wurde wesentlich erweitert.[16] Die Ergebnisse von Schiffs Experimenten beachtete auch Pawlow bei seinen genialen Versuchen zur Untersuchung der Nervenversorgung des Magens, die mit der Entwicklung des experimentellen Modells der Vagotomieoperation abgeschlossen wurden.

Mitte des 19. Jahrhunderts wurde die fälschliche Auffassung der Geschwürerkrankung als eines „normalen" atonischen Ulkus verbreitet, das sich infolge mehrerer unspezifischer Ursachen entwickelt (Lebert, 1858; Merkel, 1866).

Im Jahr 1853 veröffentlichte Virchow, wie bereits erwähnt, sein grundlegendes Werk *„Historisches, Kritisches und Positives zur Lehre der Unterleibsaffectionen"*, in welchem er seine Theorie zur Entstehung der Geschwürerkrankung darlegte. Viele

---

[15]Rokitansky, C., *Lehrbuch der pathologischen Anatomie,* 3. Aufl., Wien, 1855–1861; 3, S. 170 ff. (1. Aufl. 1842).

[16]Ebstein, W., *Experimentelle Untersuchungen über das Zustandekommen von Blutextravasaten in der Magenschleimhaut.* Arch. f. exper. Pathol. und Pharm. 1874; Schiff, M., *Leçons sur la physiologie de la digestion.* Florence et Turins. Paris; Berlin, 1867; Vulpian, A. *Leçons sur l'appareil vasomoteur.* Paris, 1875.

Autoren richteten bei der Analyse seiner Auffassung ihr Augenmerk nur auf einen Aspekt und behaupteten, er hätte bei der Formulierung seiner Theorie ausschließlich auf die Störungen der Zirkulation als pathologischen Faktor hingewiesen. Tatsächlich war seine Betrachtungsweise der Ätiopathogenese des Ulkus wesentlich tiefgehender. Virchow betonte, dass auf die Schleimhaut des Magens sowohl der Magensaft als auch die infolge der Gärprozesse neu entstandenen Säuren einwirken können. In einem gesunden Magen sei die Wahrscheinlichkeit, dass diese Säuren eine „zerfressende" Wirkung entfalten, allerdings recht gering. Ein Reizzustand der Magenschleimhaut sei bei Kranken recht oft zu beobachten, nicht jedoch in der Art, dass sie eine Gastromalazie verursachten.[17]

Entsprechend Virchows Vorstellungen nimmt bei beträchtlichen Reizzuständen auch die Schleimsekretion zu, die die innere Oberfläche des Organs schützt. Wenn einer der Reizstoffe in die Magenwand eindringt, wird dieser durch die alkalische Reaktion des Blutes aus den intramuralen Gefäßen heraus neutralisiert. Bei noch stärkeren Reizungen werden aggressive Stoffe durch den Brechreflex aus dem Organ entfernt. Aus Virchows Sicht kann sich die Relation zwischen den „zerfressenden" Stoffen und der Schleimhaut ändern, wenn die Magenoberfläche aufhört, eine geschlossene sezernierende Haut zu sein. Das Gleichgewicht zwischen der zerstörenden Wirkung der Reizstoffe und den Schutzkräften des Organismus kann beträchtlich gestört werden, wenn infolge eines Hindernisses die Entleerung von saurem Mageninhalt erschwert ist und das aggressive Medium längere Zeit auf die beschädigten oder nekrotischen Abschnitte der Schleimhautoberfläche einwirkt. Eben deswegen kommt die Ulkusbildung zustande. Aber allein die mengenmäßige Steigerung der Sekretion des Magensaftes kann ohne weitere Voraussetzungen das „Zerfressen" der Magenwand nicht auslösen. Gäbe es diesen Prozess, müsste man eine großflächige Geschwürbildung im Magen erwarten, was aber nicht zu beobachten ist. Das Ulkus ist immer in einem bestimmten Magenteil lokalisiert, was eindeutig auf die lokalen Faktoren hinweist, die für seine Entwicklung notwendig sind.

Virchow betonte also, dass für die Erklärung der Geschwürentstehung lokale Ursachen zu beachten sind: Die Schleimhaut muss in dem Abschnitt, der „zerfressen" wird, vorher verändert sein; dies hängt wiederum von den Zirkulationsbedingungen ab. Die Störungen der Blutversorgung des Magengewebes können auf verschiedenen Wegen und aus unterschiedlichen Gründen entstehen. Der wichtigste Grund läuft nach Virchow auf die hämorrhagische Nekrose der Magenschleimhaut hinaus. Wenn in einem Magenabschnitt die normale Blutzirkulation sistiert, wird dort die Säure nicht durch die alkalisch wirkende Blutreaktion neutralisiert. Dadurch tritt die Geschwürbildung ein. Bei einer Zirkulationsstörung in der Magenmukosa kann auch die normale Magensaftmenge die Ulkusbildung verursachen. Virchow nahm an, dass besonders häufige Ursachen für Zirkulationsstörungen die hämorrhagischen Infiltrationen der

---

[17]Virchow, R., Historisches, Kritisches und Positives zur Lehre der Unterleibsaffectionen. *Virchow's Archiv,* 1853.

Magenwand sind, welche infolge der Erkrankung der Arterien, ihrer Verstopfung und des nachfolgenden Blutstaus, seltener aber infolge der Kontraktion der Muskelschicht eintreten. Er ließ auch den Einfluss einer Kreislaufstörung im Bereich der Vena portae mit Erweiterung der Magenvenen und Entwicklung einer Hyperämie der Mukosa zu, was zur hämorrhagischen Nekrose und konsekutiv zur Entwicklung des chronischen Geschwürs prädestiniert. Akute und chronische Katarrhe und vor allem jene Formen, die mit starkem Erbrechen einhergehen, können auch ohne Blutstau in der Pfortader eine Hyperämie der Schleimhaut, hämorrhagische Erosionen und hämorrhagische Ulzera auslösen. Sowohl Erkrankungen der Gefäßwände, Aneurysmen und variköse Erweiterungen, die sich infolge der Störung der Blutversorgung der Gefäßwände entwickeln, als auch die Einengung des Arterienvolumens und sonstige Gefäßveränderungen verursachen in Verbindung mit dem Säurefaktor die Ulkusbildung. Aber nicht alle Geschwürbildungen entwickeln sich zu Magengeschwüren; sehr oft verheilen sie. Dafür verantwortlich ist nach Virchow die Wiederherstellung der normalen Zirkulationsverhältnisse auf der Oberfläche des Geschwürdefekts. Dadurch wird die Salzsäure mit dem Alkali des Blutes neutralisiert: Auf der Geschwüroberfläche entsteht dann eine Art Schutzfolie aus den Produkten der chemischen Reaktion.

Beim Aufbau seines Modells zur Ätiologie und Pathogenese der Geschwürerkrankung berücksichtigte Virchow die Ergebnisse der Untersuchungen anderer Wissenschaftler. Beispielsweise schrieb Morin bereits im Jahr 1800 über Veränderungen bei der Zirkulation und der Versorgung der Magenwand, die zur Geschwürbildung führen können. Gleichzeitig kann man nicht behaupten, dass Virchow eine vollständige Theorie der Ursachen und der Entstehung der Geschwürerkrankung formulierte. Der Grund dafür war wiederum seine methodische Einengung. Während der Arbeit mit dem Sektionsmaterial und der Beobachtung des Phänomens der Gastromalazie bei der Bearbeitung des Magenpräparats mit Säure äußerte er die Vermutung, es könnten „gewisse Schutzfaktoren" zum Funktionserhalt des gesunden Magens existieren, die eine schädigende Wirkung seines aggressiven Inhalts verhinderten. Diese Annahme ist durchaus naheliegend, wenn man die Tatsache berücksichtigt, dass das Phänomen der Erweichung unter normalen Bedingungen nicht eintritt – trotz des sauren Mageninhalts. Aber ohne experimentelle Bestätigung hatte diese Annahme bloß empirischen Charakter. Vorweggreifend muss man betonen, dass ein solches Experiment zum ersten Mal von Alexej Iwanowitsch Schtscherbakow durchgeführt wurde.

Die Ideen und Forschungen von Virchow bestimmten für lange Zeit das wissenschaftliche Denken auf diesem Gebiet. Die meisten Forscher beachteten bis in die 70er und 80er Jahre des 19. Jahrhunderts ausschließlich einen Aspekt der Erklärungen der Geschwürbildung durch Virchow, nämlich die Stärkung der Widerstandsfähigkeit des Magengewebes: „Leider", bemerkte Schtscherbakow, „haben die meisten Autoren die von dem Wissenschaftler gestellte Aufgabe eingeengt und richteten das Hauptaugenmerk auf die Untersuchung der Resistenz des Gewebes der Magenwand abhängig von den Zirkulationsveränderungen und ließen die Frage hinsichtlich des Einflusses der Azidität des Magensaftes wie auch hinsichtlich der Ursachen des fortschreitenden Prozesses generell beiseite."

Dieser Ansatz führte die Forscher in eine Sackgasse und drängte weitere Untersuchungen zur Chemie der Magenverdauung und zur Zusammensetzung des Magensaftes als aggressivem Faktor ins Abseits. Infolgedessen entwickelten die Wissenschaftler der damaligen Zeit keine weitergehenden Fragestellungen zum fortschreitenden Verlauf der Geschwürerkrankung und zur pathophysiologischen Begründung einer Behandlungsstrategie.

Virchow hatte recht detailliert die Formen der Gefäßveränderungen beschrieben, die eine Beeinträchtigung der Blutversorgung des Magens verursachen und seine Resistenz mindern. Andere Wissenschaftler der damaligen Zeit intensivierten diese Forschungen zwecks Aufbau theoretischer Modelle zur Ätiopathogenese des Ulkus. Lebert und Sangalli betonten die Rolle der Thrombosen und Embolien der den Magen versorgenden Gefäße bei der Entwicklung eines Ulkus. Die in dieser Zeit berühmten Kliniker und Pathologen, zum Beispiel von Recklinghausen[18] und Merkel[19], betrachteten die Geschwürerkrankung als Folge hämorrhagischer Infiltrate der Magenwand, die durch eine Menge von unspezifischen Faktoren (Traumata, Embolien, Arteriosklerose) bedingt sind.

Eine große Rolle in der Pathogenese der Ulkuskrankheit spielten die Schriften von Panum. Ausgehend von Virchows Gedanken führte er Experimente durch, in denen er die Entstehung des Geschwürs infolge einer lokalen Störung der Blutversorgung der Magenwand modellierte. Er löste sie durch die Injektion einer Emulsion aus Wachskugeln aus, mithilfe der retrograden Einführung eines Katheters über die Arteria cruralis bis tief in die Bauchaorta hinein. Bei diesen Experimenten starben die Versuchshunde im Regelfall einige Stunden nach der Injektion der Emulsion infolge einer generalisierten Embolie und konsekutiven Infarkten im Bereich mehrerer Organe. Der „Geschwüreffekt" wurde am Magenpräparat bei der Obduktion festgestellt. Diese Versuche von Panum zeigen, wie weit die Wissenschaftler der damaligen Zeit von der Klärung des realen Pathomechanismus entfernt waren. Zugleich war es das erste experimentelle, allerdings nicht ganz adäquate Modell für die Herbeiführung lokaler Magenschleimhautveränderungen aufgrund einer Störung der Blutversorgung.[20]

---

[18]Recklinghausen, F. v., Auserlesene pathologisch-anatomische Beobachtungen (embolische Heerde des Magens). *Virchow's Archiv,* 1864.

[19]Merkel, G., Kasuistischer Beitrag zur Entstehung des runden Magen- und Duodenalgeschwüres, *Wien. Med. Presse.* 1866, Nr. 30–31; Merkel, G., Ueber einen Fall von chronischem Magengeschwür, *Wien. Med. Presse.* 1866, Nr. 42–43.

[20]Panum, P. L., Experimentelle Beitraege zur Lehre von der Embolie, *Virchow's Archiv,* 1862; Panum, P. L., *Pepsin und Magenfistelanlegung.* Jahrsber. D. *Thierchemie.* 1871 (ref. Nordisk. Medicinsk. Arkiv. 1871. Bd. 3. H. 2. Nr.9).

Die Rolle embolischer Faktoren wurde von Wissenschaftlern wie Klebs, Axel, Key und Rindfleisch etwas zurückhaltender eingeschätzt, wobei sie auf den vorwiegend lokalen Charakter der Zirkulationsstörungen bei Geschwüren hinwiesen. Klebs konnte sich jedoch die Bildung eines Geschwürs ohne Kreislaufveränderungen kaum vorstellen. Als Ursache dieser Veränderungen erkannte er einen Gefäßkrampf, der zu einer Perfusionsstörung in einem Abschnitt der Magenwand führen konnte. Dieser war im Anschluss der korrodierenden Wirkung des Magensaftes ausgesetzt.[21]

Alle Autoren konnten den umfassenden Charakter der Geschwürkrankheit nicht erfassen, weil sie insbesondere die mögliche Entstehung von Ulcera ventriculi aus hämorrhagischen Erosionen ablehnten. Dabei ließen diese Wissenschaftler die Bedeutung der Wirkung des Magensaftes auf die Wand des Organs praktisch vollständig außer Acht.

Zwischen 1860 und 1890 verfielen einige Forscher auf den Gedanken, Magengeschwüre könnten durch eine Infektion ausgelöst werden (Lebert, Letulle). Dabei erzeugten sie jedoch einen insgesamt kritischen Zustand des Organismus, der schlussendlich zum Magengeschwür führte. Lebert beispielsweise spritzte in die Drosselvene eines Kaninchens Eiter ein, der eine Sepsis auslöste; bei der Obduktion wurde ein Magengeschwür festgestellt.[22]

Durch die Analyse der Literatur kam Schtscherbakow zum Ergebnis, dass kein Autor die konkrete Frage nach jenen Faktoren, die die Spezifität des Magengeschwürs bedingen, beantwortet. Das Gleiche gilt für das Problem seiner unaufhaltsamen Progredienz – auch unter für die Heilung durch Vernarbung günstigen Voraussetzungen.

Um die Mitte des 19. Jahrhunderts machten die Wissenschaftler auch keinen prinzipiellen Unterschied zwischen der Entwicklung eines reaktiven Defekts der Magenschleimhaut auf der einen und der Geschwürkrankheit als Erkrankung mit einer spezifischen Ätiologie bzw. Pathogenese auf der anderen Seite. Sie sahen keinen Zusammenhang zwischen dem klinischen Symptom des Schmerzes, den der Kranke empfand, und den spezifischen Faktoren, welche die progressiven Veränderungen in der Magenwand bewirkten.

Der nächste wichtige Schritt bei der Erforschung der Ulkuskrankheit war der Nachweis, dass das Magengeschwür als nosologische Einheit mit dem Geschwürdefekt der Schleimhaut als spezifischem morphologischem Syndrom nicht identisch ist. Diese Leistung vollbrachte Cohnheim in hervorragender Weise. Schtscherbakow bemerkte

---

[21]Key, A., Om det korrosia magsarets uppkomst. *Hygiea*. 1870 (ref. Virch.-Hirsch. Jahresb. 1870; 2:155); Klebs, E., Anleitung für die pathologische Anatomie, übers. unter Redakt. von Prof. Rudnew. Sankt Petersburg; 1871 (d. Ausg. 1869); Rindfleisch, E., *Lehrbuch der pathologischen Gewebelehre*. 4. Aufl. Leipzig, 1875.

[22]Lebert, H. Bericht über die klinisch-medizinische Abtheilung des Züricher Krankenhauses in den Jahren 1855 und 1856, *Virchow's Archiv* 1858; Lebert, H., Beitrage zur Geschichte und Aetiologie des Magengeschwürs, *Berl. Klin. Wochensch.* 1876; Letulle, M., Origine infectieuse de certains ulcères simples de l'estomac ou duodenum. *Comp. Rend.* 1888.

dazu, dass „die Versuche dieses talentierten Experimentators als Ausgangspunkt für die Entwicklung der modernen Lehre über das Ulcus ventriculi gelten sollten."[23]

Cohnheim überschritt den Rahmen eines „akuten" Versuchs und einer ausführlichen Beschreibung des pathologischen Anschauungsmaterials, indem er sich vornahm, einen fortschreitenden bzw. schleppenden Verlauf der Geschwürkrankheit experimentell so zu modellieren, wie ihn Kliniker bei ihren Patienten beobachteten.

Während seiner Tierversuche regte Cohnheim zunächst die Bildung eines akuten Geschwürs an. Im Unterschied zu seinen Vorgängern erreichte er dies durch eine lokale Embolie, ausgelöst durch eine in eine der Arteriae gastricae breves injizierte Bleichromatemulsion. Bei allen kurze Zeit später getöteten Tieren wurden Magengeschwüre mit großen, klar sichtbaren Rändern und mit einem „reinen" Boden festgestellt. Wenn ein Tier die zweite Woche nach der Injektion doch überlebte, hatten sich statt eines großen Geschwürs mehrere kleine Ulzera im Magenpräparat gebildet. Nach Ablauf der dritten Woche nach der Injektion wurde eine völlig verheilte und glatte Schleimhaut im Magen der Versuchstiere festgestellt.[24]

Cohnheim verglich den fortschreitenden, nicht selten saisonbedingten zyklischen Charakter des Ulkusleidens, wie ihn die Kliniker kannten, mit den Ergebnissen seiner Versuche und wies darauf hin, dass die Geschwürkrankheit als spezifische nosologische Einheit mit der einfachen Geschwürbildung der Magenschleimhaut, welche durch die Wirkung verschiedener Faktoren entsteht und oft einer schnellen Remission unterliegt, nicht identisch war. Weiterhin unterschied er zwischen dem Entstehungsmechanismus der eigentlichen Geschwürbildung in der Mukosa und dem fortschreitenden, chronisch werdenden Verlauf dieser Geschwürbildung. Durch die Ergebnisse seiner Versuche wurde die Theorie widerlegt, nach der das Ulkusleiden nur auf Zirkulationsstörungen zurückzuführen war. Er postulierte auch, dass es im Magen der Ulkuskranken einen unbekannten, starken Faktor gibt, der in Verbindung mit den Kreislaufstörungen der Magenwand die Geschwürkrankheit eigentlich verursacht. Schtscherbakow resümierte später: Indem Cohnheim die vorhandenen mangelnden Kenntnisse über das Ulcus ventriculi erkannt habe, habe er unvermeidlich die Annahme befördert, dass es im Magen der Geschwürkranken außer den Zirkulationsstörungen, die die Zerstörung des ganzen Organs verursachen, noch etwas Unbekanntes, die Heilung dieser Störung Hemmendes gibt. Cohnheim ließ die Frage offen, ob dieses Unbekannte aus *einer nicht normalen Vermehrung des Magensaftes* bestehe, da es dazu keine positiven Daten gebe.[25]

---

[23]Schtscherbakow, A. I., *Über die Bedingungen der Entwicklung des runden Magengeschwürs (Ulcus ventriculi chronicum rotundum)*, S. 289.
[24]Cohnheim, J. F., *Allgemeine Pathologie: in Bd. Übersetzung*. W. Ssigrisst, Bd. 2, Sankt Petersburg, 1881.
[25]Schtscherbakow, A. I., *Über die Bedingungen der Entwicklung des runden Magengeschwürs (Ulcus ventriculi chronicum rotundum)*, S. 289.

Nach der Studie Cohnheims war eine große Unsicherheit in Bezug auf die Ätiologie bzw. Pathogenese der Geschwürkrankheit zu verzeichnen. Schtscherbakow konstatierte, dass „diese Verwirrung erst dann allmählich gelöst wurde, als der Zusammenhang von Ulcus ventriculi und Hypersekretion festgestellt wurde."[26]

Die Rolle der verstärkten Magensaftsekretion und der erhöhten Azidität wurde erst um die Mitte der 1880er Jahre ein intensiver beachteter Gegenstand der Forschung. Bei seinen Untersuchungen bezog sich Schtscherbakow vor allem auf Studien von Riegel, Reichman, Jaworski und anderen Forschern.[27]

Riegel entwickelte ein Modell der Ulkuspathogenese, nach welchem zuerst ein vermehrter Säuregehalt konstatiert wurde und danach geschwürige Veränderungen zu beobachten waren. Der erhöhte Säuregehalt verstärkt die Prädisposition zum Magengeschwür, weil sich dadurch sogar unwesentliche Läsionen der Schleimhaut vergrößern und sich allmählich in tiefer reichende Geschwüre umwandeln können. Eben in diesem erhöhten Säuregehalt und nicht in einem anderen Faktor sollte man die Ursache für eine schwierige Heilung des Ulcus chronicum rotundum erkennen, so meinte Riegel.

Viele Wissenschaftler betrachteten die Entstehung und die Entwicklung eines Magengeschwürs als Einzelfall der durch die Einwirkung aggressiver Faktoren ausgelösten Selbstverdauung der Magenwand. Diese Frage wurde unter dem Aspekt einer gestörten Balance von Widerstandsfähigkeit des Magengewebes einerseits und Verdauungsfaktoren andererseits formuliert. 1772 hatte Hunter die Hypothese aufgestellt, nach der die Selbstverdauung (Autolyse) des Magengewebes nicht durch das Vorhandensein eines rudimentären Lebensprinzips („living principle") verursacht werde. C. Bernard meinte, dass die Autolyse des Magengewebes nicht erfolgte, weil sich das Magenepithel schnell regenerieren könne. Versuche von Quincke zeigten, dass die bei Anämie eintretenden Gegebenheiten die Heilung der Magengeschwürbildung hemmen.

Pavy, der die Versuche von C. Bernard wiederholt hatte, bekräftigte, dass die Selbstverdauung der Magenschleimhaut durch den Mangel an Substanzen im Blut, welche die Magensaftsäuren neutralisieren, verursacht werde. „Somit hielten wir es für notwendig", so Schtscherbakow, „uns der Ansicht von Pavy anzuschließen, der einem normalen Kreislauf als Faktor, der die Magenwand gegen die Selbstverdauung schützen soll, postuliert hat."[28] Er hob dabei hervor, dass Pavy allein die Neutralisationsfähigkeit

---

[26]Schtscherbakow, A. I., *Über das runde Magengeschwür*, Moskau, Russkaja tipografija, 1888. S. 290.

[27]Jaworski, W., Magenaspirator, zugleich continuirlicher Magen-Irrigationsapparat in Verbindung mit der Sonde „à double courant". *Deut. Arch. f. klin. Med.* 1883; Jaworski, W., Beobachtungen über das Schwinden der Salzsäurereaction und den Verlauf der catarrhalischen Magenerkrankungen. Münch. Med. Wochenschr., 1887; Jaworski, W., Ueber den Zusammenhang zwischen subjectiven Magensymptomen und den objectiven Befunden bei Magenfunctionsstörungen, *Wiener Med. Wochenschr.* 1886.

[28]Schtscherbakow, A. I., *Über die Bedingungen der Entwicklung des runden Magengeschwürs (Ulcus ventriculi chronicum rotundum)*, S. 316.

des Blutes als Schutzmechanismus betonte. Eigene Versuche von Schtscherbakow zeigten, dass es im Blut auch andere Faktoren, die die Magenwand vor Selbstverdauung schützen, gibt.

Vorbereitende Arbeiten zur Erstellung seiner eigenen Theorie über das Auftreten und die Entwicklung von Magengeschwüren wurden von A.I. Schtscherbakow nicht nur im Hinblick auf eine kritische Analyse der damals bereits existierenden Ideen und Fakten, auf deren Grundlage Modelle der Ätiologie und Pathogenese von Geschwüren erstellt worden waren, durchgeführt. Er hatte auch die Geschichte der Entwicklung von Methoden zur Untersuchung der Funktionen des Magens und der Verdauungsmechanismen genau studiert. Umfassendes Wissen und Kritik an der damals existierenden experimentellen Methodik ermöglichten es A.I. Schtscherbakow, seine bahnbrechende Forschung erfolgreich abzuschließen.

A. I. Schtscherbakows Experiment zur Untersuchung von Magensekretion

Als er frühere Studien über die sekretorische Aktivität des Magens und seiner Rolle bei der Verdauung besprach, erklärte A.I. Schtscherbakow: „Bis zur Mitte des letzten Jahrhunderts war das Konzept des ‚Magensaftes' in dem Sinne, wie es derzeit allgemein akzeptiert wird, von Naturwissenschaftlern noch nicht etabliert worden. Die sekretorische Funktion des Magens wurde damals nicht als notwendiges Element der peptischen Aktivität des Organs angesehen."[29]

Es brauchte annähernd zwei Jahrhunderte, um die Rolle des Magensaftes als wichtigsten Verdauungsfaktor in der Welt der Wissenschaft zu verstehen. Grundsätzlich wurden wichtige Entdeckungen gemacht, die A.I. Schtscherbakow in seinen Arbeiten detailliert analysierte und zeigte, wie sich moderne Vorstellungen von der Rolle des Magensaftes bei normalen und pathologischen Funktionszuständen dieses Organs entwickelten.

Seiner Meinung nach gehen die ersten Versuche einer wissenschaftlichen Untersuchung der Magensekretion auf die erste Hälfte des 16. Jahrhunderts zurück und wurden von de Réaumur und Spallanzani durchgeführt. Den Studien dieser Wissenschaftler ging die Arbeit von Vertretern der Accademia del Cimento voraus, die 1667 die motorischen Funktionen des Magens bei Vögeln untersuchten. Ihre Versuche wurden aufgrund der unzureichend entwickelten experimentellen Technik und des folglich empirischen Charakters der Schlussfolgerungen nicht zu einem Ausgangspunkt für die Untersuchung der Magenfunktion.

---

[29]Schtscherbakow, A. I., *Über die Bedingungen der Entwicklung des runden Magengeschwürs (Ulcus ventriculi chronicum rotundum)*, S. 9.

Das Niveau der Vorstellungen der damaligen Ärzte über die Verdauung wird durch die Ansichten des berühmten Boerhaave veranschaulicht, der die Verdauung vom Zusammenwirken vieler nicht in direktem Zusammenhang miteinander stehenden Faktoren abhängig machte: Zerkleinerung und Auflösung von Nahrungsmitteln, Fermentation und Verrottung im Magen u.s.w. Der saure Geschmack von Magensaft wurde zwar festgestellt, dieses Phänomen jedoch nicht auf die sekretorische Aktivität des Magens zurückgeführt, sondern als Ergebnis einer Säurefermentation angesehen.

Die gesamte Geschichte der Untersuchung der Funktionen des Magens von etwa 1650 bis in die frühen 1890er Jahre teilte A.I. Schtscherbakow in drei große Abschnitte ein. Die erste (oder vorbereitende) Periode beginnt in seiner Klassifizierung mit den Werken von Réaumur und Spallanzani und ist gekennzeichnet durch die Tatsache, dass „die Lehre von der Verdauung es erreicht hat, sich vollständig von den Ansichten der alten Autoren mit ihren willkürlichen und oft mystischen Hypothesen zu befreien. In dieser Zeit wurde die eigentliche Rolle der Magensekretion innerhalb des peptischen Prozesses eindeutig bewiesen."[30] Die weitbekannten Experimente von Réaumur zeigten unwiderlegbar, dass nicht die mechanische Arbeit des Magens die Hauptrolle bei der Verdauung spielt, sondern die chemische Wirkung des sezernierten Safts.

Réaumur führte seine Versuche an Vögeln durch, in deren Magen perforierte Metallröhrchen mit Futter eingeführt wurden. Nach einigen Stunden entnahm er die Röhrchen und fand die weich gewordenen Nahrungsstoffe, die sich in eine Breimasse verwandelt hatten, vor. Réaumur erkannte, dass stickstoffhaltige Nahrung durch den Magensaft besonders betroffen war. Weiter stellten die Forscher fest: Wenn das Futter in den Röhrchen durch einen Schwamm ersetzt und dann dessen Inhalt ausgepresst wurde, hatte der ausgepresste Saft einen sauren Geschmack.

Die Bedeutung des Magensaftes für die Verdauung konnte Spallanzani viel überzeugender nachweisen, als er sich folgende Frage stellte: Konnte man eine Vorstellung davon gewinnen, wie der Magensaft die Nahrung im lebendigen Organismus beeinflusst? Dazu benötigte er eine ziemlich große Menge Magensaft. Er nutzte dabei die Methode von Réaumur, also die Einführung von in durchbohrte Röhrchen gelegten trockenen Schwämmen in Vogelmägen; so vermochte er eine genügende Menge Magensaft für weitere Studien zu gewinnen. Innerhalb einiger Tage konnte man 13 Unzen Saft von fünf Krähen erhalten. Zum Erstaunen der Forscher war der Saft wenig flüchtig und nicht entzündlich. Fleischstücke, die für einige Stunden in die aus den Schwämmen gepresste Flüssigkeit gelegt worden waren, wurden bei Körpertemperatur verdaut. Diese Versuchsergebnisse von Spallanzani widerlegten die alten mystischen Ansichten über die Lebenskraft und zeigten, dass der Verdauung im Magen chemische Reaktionen zugrunde liegen. Vorstellungen von der Magenverdauung als Gärungs- bzw. Fäulnisprozess wurden

---

[30]Schtscherbakow, A. I., *Über die Bedingungen der Entwicklung des runden Magengeschwürs (Ulcus ventriculi chronicum rotundum)*, S. 10.

damit ebenfalls widerlegt. Spallanzani wies sogar nach, dass der Magensaft die Fäulnis und die Gärung der Nahrung im Magen nicht etwa anregte, sondern hemmte. Von großer Bedeutung war ferner der Nachweis, dass der Magensaft von den Wänden dieses Organs abgesondert wurde. Spallanzani betrachtete die Magensaftazidität als notwendige Bedingung seiner verdauenden Wirkung.

Der nächste Schritt bei der Erforschung der gastrischen Funktionen und der Bedeutung der Salzsäure für die Verdauung gelang 1824, als Prout zeigte, dass die freie Säure im Magensaft Salzsäure ist. Seine Methode der chemischen Identifizierung des HCl war kompliziert: Der Magen eines gerade getöteten Kaninchens wurde mit Wasser durchspült. Alle Portionen der Spülflüssigkeit wurden gemischt; diese Mischung wurde in vier Teile getrennt. Bei der folgenden chemischen Analyse stellte sich heraus, dass der Magensaft weder Schwefel- noch Phosphorsäure in nennenswerten Mengen enthielt. Nach Prouts Auffassung ließ sich aus seinen Studien schließen, dass es keine organischen Säuren im Magensaft gibt.

Somit gelangte er zu der unvermeidlichen Schlussfolgerung, dass die Salzsäure die einzige freie Säure des Magens ist. Im Magensaft des Menschen fand er ebenfalls freie Salzsäure. Nach Einschätzung von Schtscherbakow hatte die Studie von Prout eine überragende Bedeutung für die Entwicklung der Lehre vom Magensaft: Das Augenmerk der Wissenschaftler wurde auf den einzig richtigen Weg exakter physiologisch-chemischer Forschungen gelenkt und das überraschende Forschungsergebnis löste ein reges Interesse an entsprechenden Studien aus. Die im Anschluss an Prout durchgeführten Studien bestätigten die Entstehung des Magensaftes in Form einer anorganischen Säure, die unentbehrlich für die Verdauungstätigkeit des Organs war.[31]

Die Erforschung der Sekretionstätigkeit des Magens sowie der chemischen Zusammensetzung des Magensafts wurde dadurch stark erschwert, dass die Wissenschaftler in ihrem methodischen Instrumentarium nicht über die erforderlichen Verfahren zur Magensaftgewinnung verfügten. Für die Untersuchung des Mageninhaltes mussten Versuchstiere getötet werden, nachdem Nahrungsstoffe (oder feste Stoffe zur Anregung der Sekretion) in deren Magen eingefüllt worden waren. So hatten die Experimentatoren keine Möglichkeit, physiologische Versuche anzustellen. Auch sollten bei der Untersuchung Schwämme in den Magen der Tiere eingeführt werden; die Forscher vermochten dabei aber den reinen Magensaft vom Chymus nicht zu trennen. So war es nicht erstaunlich, dass verschiedene Autoren aufgrund ihrer theoretischen Vorstellungen einmal Salzsäure, ein anderes Mal Milchsäure und ein drittes Mal Fettsäuren als einen genuinen und wesentlichen Bestandteil des normalen Magensaftes darstellten.

Eine prinzipiell neue Etappe – Schtscherbakow bezeichnete sie als „laborbezogen" – bei der Erforschung der Wirkungen des Magensaftes und der Bedeutung der Salzsäure für die Verdauung wurde 1842 mit der Erfindung des Gastrostomas durch Wassili

---

[31]Schtscherbakow, A. I., *Über die Bedingungen der Entwicklung des runden Magengeschwürs (Ulcus ventriculi chronicum rotundum)*, S. 13.

Alexandrowitsch Bassow eingeleitet. Als klinisches Vorbild für seine Versuche gilt bekanntlich der von Beaumont beschriebene Fall eines posttraumatischen Gastrostomas (siehe Kap. I). Schtscherbakow bezieht sich auf Literatur, derzufolge der Arzt Helm aus Wien einen ähnlichen Fall bereits 1803 beschrieben hatte. Die Methode der Magenfistelanlegung wurde später von bekannten Physiologen wie Bidder, Schmidt, Claude Bernard, Schiff und anderen ausgebaut und verfeinert; durch diese Weiterentwicklung konnte sie in der täglichen experimentellen und später auch in der klinischen Praxis mühelos angewandt werden.

1852 konnten Bidder und Schmidt reinen Magensaft gewinnen, der beim Necken eines hungrigen Hundes mit Fleisch aus dem Gastrostoma ausgeschieden wurde. Bei der Analyse dieser Flüssigkeit gelang es ihnen zu beweisen, dass freie Salzsäure der wesentliche Bestandteil des reinen Magendrüsensekrets war und der Magensaft keine anderen freien Säuren enthielt. Diese Entdeckung wurde zu einem wichtigen Meilenstein beim Studium der Bedeutung der Salzsäure für die Verdauung sowie für die normale und pathologische Magentätigkeit.

Nach der Meinung von Schtscherbakow zogen die Studien von Bidder und Schmidt eine Bilanz der laborbezogenen Forschungsperiode des Magensaftes und leiteten eine neue Untersuchungsphase der Magenfunktionen sowie der Rolle der Salzsäure ein. Diese Etappe bezeichnete Schtscherbakow als „klinische Periode" zur Überprüfung der Rolle der Salzsäure bei der Magenverdauung.

Neben der Salzsäure gerieten auch weitere Bestandteile des Magensaftes in den Fokus der Forschung. So zeigte Eberle 1834, dass eine Flüssigkeit mit einem hohen Potenzial zur Verdauung von Eiweißstoffen entstand, wenn man die Magenschleimhaut mit durch HCl angesäuertem Wasser in Berührung brachte. 1839 entdeckte Schwann im Magensaft das Ferment Pepsin, das Bassmann im gleichen Jahr isolieren konnte.

Mit verbesserten Mikroskopen wurden zur gleichen Zeit die Magendrüsen, die die Salzsäure sezernierten, entdeckt (Sprott 1836; Bischoff 1838; Krause 1839 u.s.w.).

Die Wirkung des Magensaftes auf Nahrungsstoffe und die Untersuchung der Verdauungsprodukte waren ebenfalls Gegenstand mehrerer Studien in diesem Zeitraum (Miahle 1846; Mulder 1858; Brücke 1859 u.s.w.). So gelang es, die wichtigsten Bestandteile des normalen Magensaftes in den 40er und 50er Jahren des 19. Jahrhunderts genau zu bestimmen. Darüber hinaus „wurden ernsthafte Versuche unternommen, den physiologischen Sekretionsprozess in allen Einzelheiten zu erforschen und die Umwandlungsprodukte verschiedener Stoffe während der Wirkung der Verdauungstätigkeit des Organs zu studieren."[32] Schtscherbakow hob dabei hervor, wie wichtig die Verfahren zur Anlage einer Fistel waren, die es den Wissenschaftlern ermöglichten, zu sorgfältigen

---

[32]Schtscherbakow, A. I., *Zur Frage nach der Herkunft der freien Salzsäure im Magensaft*. Moskau 1890. S. 17.

Beobachtungen zu gelangen und präzise Versuche anzustellen.[33] Die beschriebene Periode in der Geschichte der Erforschung der Magenfunktionen zeichnete sich durch das Eindringen der Erkenntnisse zur Magenverdauung in die klinische Praxis aus, wodurch ein gangbarer Weg für Untersuchungen der Erkrankungen des Verdauungssystems gebahnt wurde. Eben aus diesem Grund bezeichnete Schtscherbakow diesen Zeitraum als „klinische Periode"[34]. Den Anfang dieses Zeitabschnitts datierte er auf das Jahr 1871, als Leube auf dem Kongress der Naturforscher und Ärzte in Rostock den Vorschlag unterbreitete, eine Magensonde für diagnostische Zwecke einzusetzen. Es ist hervorzuheben, dass Gerhardt noch vor den Versuchen von Leube 1868 auf die Magensonde als diagnostisches Instrument hingewiesen hat.

Einen starken Impuls zur Anwendung dieses Instrumentes in der klinisch-diagnostischen Praxis gab Velden mit seinen Studien, mit deren Hilfe er 1879 nachwies, dass die fehlende Salzsäure im Magensaft als wichtiger Baustein bei der Diagnose von Magenkarzinomen gelten konnte. Diese Entdeckung bewies überzeugend die Bedeutung der chemischen Untersuchung des Magensaftes. Bei verschiedenen Erkrankungen wurde nun der Säuregehalt sorgfältig untersucht, und Verfahren zur qualitativen sowie quantitativen Bestimmung der Salzsäure wurden rege erforscht. Aus den Untersuchungen, die innerhalb kurzer Zeit nach Veldens Entdeckung durchgeführt wurden, ergaben sich vor allem – so Schtscherbakow – klinische Methoden zur Magensaftgewinnung (Leube, Riegel, Ewald u.s.w.) und eine ganze Reihe von Verfahren für die sowohl qualitative als auch quantitative Bestimmung von im Magensaft nachzuweisenden Säuren.[35]

Etliche Studien wurden unternommen, um zu beweisen, dass die Salzsäure bei einem Magenkarzinom im Magensaft fehlt. Dabei stieß man ganz zufällig auf einen erhöhten Gehalt dieser Säure bei anderen Magenerkrankungen. Die Analyse der Fälle, die sich durch eine Hypersekretion des Magensaftes und eine erhöhte Azidität des Mageninhaltes auszeichneten, zeigte eine enge Verbindung dieser Zustände mit der Entwicklung des runden Geschwürs. Alles das schien es notwendig zu machen, auf breiter Front Methoden der Magensondenanlage in Kombination mit weiteren chemischen Untersuchungen des über die Sonde ausgeschiedenen Inhalts in die klinische Praxis einzuführen. Die Entwicklung der Magensonde war damals ein guter Grund für Schtscherbakow, den beschriebenen Zeitabschnitt in den Forschungen zur Magenpathologie als „klinischen" zu bezeichnen. In dieser „klinischen" Periode wurden mit großem Engagement auch Methoden der physiologischen Erforschung der Magenfunktionen

---

[33]Schtscherbakow, A. I., *Zur Frage nach der Herkunft der freien Salzsäure im Magensaft*. Moskau 1890. S. 17.
[34]Schtscherbakow, A. I., *Über die Bedingungen der Entwicklung des runden Magengeschwürs (Ulcus ventriculi chronicum rotundum)*, S. 18.
[35]Schtscherbakow, A. I., *Über die Bedingungen der Entwicklung des runden Magengeschwürs (Ulcus ventriculi chronicum rotundum)*, S. 19.

entwickelt. Es stellte sich nämlich die Frage: Wie sollen diese oder jene Daten der chemischen Magensaftanalyse bei unterschiedlichen Erkrankungen bewertet werden? Es wurde klar, dass die Rolle der Magensaftsekretion bei unterschiedlichen Formen von Magenerkrankungen nur dann befriedigend geklärt werden konnte, wenn Parameter und Grenzen der physiologischen Norm festgelegt waren.

Viele Forscher interessierten sich für die Magensekretion und ihre Grundlagen, vor allem für den Gehalt der freien Salzsäure im Magensaft nach der Aufnahme verschiedener Nahrungsarten. Dieses Thema wurde in den Studien von Klinikern und Experimentatoren wie Ewald und Boas ausführlich und sorgfältig bearbeitet. Sie nahmen an, dass der Sekretionsprozess nach Nahrungsaufnahme in drei Stadien aufgeteilt werden konnte: Im ersten Stadium beobachtete man nur die Bildung von Milchsäure. Im zweiten Stadium wurden sowohl Milch- als auch Salzsäure sezerniert. Im dritten Stadium war die Sekretion allein der Salzsäure zu beobachten.

Von der Bildung des Magensaftes in den ersten Minuten der Verdauung zeugen auch die Produkte der Eiweißspaltung im Mageninhalt. Schtscherbakow erhob gegen die erwähnten Autoren Einwände und erläuterte, dass die Eiweißspaltung bereits zu Beginn des Verdauungsvorgangs einsetzte. Er stellte fest: „Es sollte angenommen werden, dass die Salzsäure durch die Magenschleimhaut gleich am Anfang zusammen mit Pepsin abgesondert wird; sie mischt sich mit dem Nahrungsbrei, in dem sie auf eine Vielzahl von Stoffen trifft, mit denen sie auf diese oder jene Weise zusammenzuwirken beginnt."[36] Weiter machte er auf die Tatsache aufmerksam, dass Eiweiße den Magensaft besonders stark wirken ließen. Ewald und Boas wiesen gleichzeitig nach, dass der Nahrungsballen eine höhere Azidität als der Mageninhalt hat. Diese Beobachtungen wie auch die Versuche von Bidder und Schmidt zeugten davon, dass der Magensaft mit einer höheren Azidität bereits während der ersten halben Stunde der Verdauung im Magen sezerniert und im Chymus vermischt wird mit den Produkten der Eiweißspaltung, den Peptonen. Die zweite Phase der Verdauung im Magen zeichnete sich nach Angaben von Ewald und Boas durch mehr Peptone sowie eine höhere Chymusazidität aus; zugleich werden die motorische Aktivität des Magens und die Abgabe seines Inhaltes in den Zwölffingerdarm intensiviert.

Aus der Erörterung der Verdauungsphasen im Magen zog Schtscherbakow die Schlussfolgerung, dass die Lehre von den Verdauungsstadien, wie sie vorwiegend von Ewald und Boas entwickelt worden war, als noch nicht vollendet gelten konnte.[37]

Die genannten Autoren hatten in der Tat keine umfassende Vorstellung von den Magenfunktionen, was auf ihre ungenügende theoretische sowie methodische Basis zurückzuführen war. Eine neue Möglichkeit bot sich erst, nachdem Pawlow

---

[36]Schtscherbakow, A. I., *Über die Bedingungen der Entwicklung des runden Magengeschwürs (Ulcus ventriculi chronicum rotundum)*, S. 27.

[37]Schtscherbakow, A. I., *Über die Bedingungen der Entwicklung des runden Magengeschwürs (Ulcus ventriculi chronicum rotundum)*, S. 31.

systematische Verfahren zur Erforschung der Verdauung im Magen und seine Lehre über ihre zwei Phasen, nämlich die psychische und die chemische, entwickelt hatte.

Eine der wichtigen Aufgaben, welche die Forscher zu lösen versuchten, bestand in der Bestimmung des Verhältnisses zwischen Salz- und Milchsäure in verschiedenen Phasen der Magenverdauung. Eine Reihe von Autoren stellte Versuche an und wollte dabei beweisen, dass der Magensaft nicht nur während des Verdauungsvorgangs, sondern auch im nüchternen Zustand produziert wird. Die Ergebnisse dieser Experimente waren widersprüchlich, ihr Sinn aber bestand, so Schtscherbakow, in Folgendem: Wenn Magensaft auch nüchtern gewonnen werden konnte, spielte die individuelle Reizbarkeit des Nervensystems sowohl des Magens selbst als auch des ganzen Organismus die wichtigste Rolle. Einige klinische Fälle zeigten einen allmählichen Übergang zu pathologischen Formen einer „Hypersecretio acida", bei denen die Magensaftproduktion nicht von zufälligen bzw. externen Faktoren abhing; sie war im leeren Magen unter Einwirkung von der Forschung unzugänglichen Einflüssen zu beobachten, die vom Organismus selbst ausgingen.[38]

Dank der breiten Anwendung der Magensonde bei der Erforschung des Magensaftes entwickelte sich in der Forschung eine neue Richtung, nämlich die Gastroskopie. Schtscherbakow sagte dieser Methode eine große Zukunft voraus. Er war der Auffassung, dass die Gastroskopie eine korrekte anatomische Diagnose ermöglichen werde: „Wenn auch die Qualität der heute zur Untersuchung des Magens *per visum* vorgeschlagener Instrumente bei weitem nicht zufriedenstellend ist, so haben wir doch allen Anlass, mit bedeutenden Verbesserungen in der Zukunft zu rechnen: Es ist höchst wahrscheinlich, dass wir mit verbesserten gastroskopischen Verfahren irgendwann die sorgfältigste direkte Untersuchung der Magenschleimhaut beim lebenden Menschen werden durchführen können."[39]

Diese Vorhersage des russischen Wissenschaftlers ist heute in der klinischen Praxis der Gastroenterologen voll und ganz Wirklichkeit geworden.

Schtscherbakow legte die Geschichte der Magensonde als therapeutische bzw. diagnostische Methode ausführlich dar. Er hob hervor, dass dieses Verfahren von einigen Ärzten bereits Anfang des 19. Jahrhunderts sporadisch angewandt wurde, eine systematische Nutzung jedoch erst nach Kussmauls Studien möglich war. Dieser hatte 1869 vorgeschlagen, den Mageninhalt zwecks Behandlung von Magenerweiterungen auszupumpen. Zuerst legten die Mediziner eine starre Sonde an, die später durch eine weiche ersetzt wurde.

Ewald wurde die Ehre zuteil, die weiche Sonde in die medizinische Praxis einzuführen, als er sie 1875 zum Auspumpen des Mageninhaltes bei einem Kranken mit

---

[38]Schtscherbakow, A. I., *Über die Bedingungen der Entwicklung des runden Magengeschwürs (Ulcus ventriculi chronicum rotundum)*, S. 37–38.

[39]Schtscherbakow, A. I., *Über die Bedingungen der Entwicklung des runden Magengeschwürs (Ulcus ventriculi chronicum rotundum)*, S. 39.

Nitrobenzolvergiftung legte. Das Verdienst von Leube bestand in der systematischen Nutzung der Magensonde zu diagnostischen Zwecken. Seines Erachtens konnte man mit der Sonde zwei Aufgaben gleichzeitig lösen: die Bestimmung 1) der Verdauungszeit im Magen und 2) der Intensität der Magensaftausscheidung in jedem einzelnen Fall.

Für die Bewältigung der formulierten Aufgaben wurden verschiedene Verfahren aufgeboten, mit denen die Sekretion des Magensaftes stimuliert werden konnte. Leube griff zur thermischen Reizmethode der Magenschleimhaut: Er führte 100 ml eiskaltes Wasser für 10 min in den leeren Magen ein. Dann wurde der Magen mit 300 ml angewärmtem Wasser durchspült. Ein Teil der gewonnenen Flüssigkeit wurde für einen Versuch zur künstlichen Eiweißverdauung genutzt; mit dem anderen Teil wurde die Azidität des Mageninhalts bei Einsatz von Lackmus und Tropeolin geprüft. Diese Methode, so Schtscherbakow, vermittle allerdings nur eine sehr ungenaue Vorstellung über den wirklichen Vorgang der Magensekretion.

Ausgehend von der Überlegung, dass das wichtigste Moment beim Digestionsprozess im Magen die Eiweißspaltung war, veröffentlichen Gluzinski und Jaworski ihr Forschungsverfahren unter der Bezeichnung „Eiweißmethode". Die Magensekretion wurde durch die Einführung eines physiologischen Reizauslösers, des Hühnereiweißes, angeregt. Ewald unterbreitete seine eigene Version des „Probe-Frühstücks" für den Fall, dass die Produktion des Magensaftes durch gewöhnliche Mischnahrung erzielt werden sollte. Aus den Werken russischer Autoren, die an diesem Problem gearbeitet hatten, wählte Schtscherbakow Wagners Studien aus der Klinik von W. Manassein, Burshinski, Rapport und N. Shdan-Puschkin aus.

Durch die Analyse der von seinen Vorgängern gesammelten Daten gelangte Schtscherbakow zur Schlussfolgerung, dass die Verdauungszeit ganz wesentlich von den physischen bzw. chemischen Eigenschaften der Nahrung selbst abhing. Er konnte aber die Kriterien zur Beurteilung, wann ein Verdauungsvorgang normal oder pathologisch war, kaum einschätzen. Alle damals bekannten Forschungsmethoden waren nur zur allgemeinen Untersuchung der Magentätigkeit geeignet. So vermittelte z. B. das Verfahren von Leube eine bloße Vorstellung von der Zusammensetzung und den Eigenschaften des reinen Magensaftes. Schtscherbakow zollte Leube dabei hohe Anerkennung und hob hervor, dass das größte Verdienst dieses Wissenschaftlers seines Erachtens eben darin bestand, dass er die Erforschung der Magenverdauung zu diagnostischen Zwecken in den Vordergrund gerückt und somit das Problem aus dem Bereich des physiologischen Labors in die Klinik überführt hatte: „Dadurch war er der Erste, der uns einen absolut richtigen Weg gewiesen hat. Damit meinen wir vor allem seinen Vorschlag, die Qualität des Magensaftes zu erforschen, um eine klare Einsicht in die krankhaften Veränderungen der Sekretionsfunktion des Organs zu erhalten."[40] Schtscherbakow nahm eine detaillierte Analyse aller vorhandenen Stimulationsverfahren der Magensekretion vor und folgerte,

---

[40]Schtscherbakow, A. I., *Über die Bedingungen der Entwicklung des runden Magengeschwürs (Ulcus ventriculi chronicum rotundum)*, S. 50.

dass sie allein die Frage beantworteten, wann der Magen zur Sekretion der Salzsäure fähig war. Die Frage nach den Einzelheiten des Chemismus der Digestion blieb offen.

Zu der Zeit, als sich Schtscherbakow mit dem Studium der Ätiologie und Pathogenese der Geschwürkrankheit zu beschäftigen begann, unterstützten bei weitem nicht alle Wissenschaftler die Auffassung, dass der Säuregehalt im Magensaft in einem direkten Zusammenhang mit dieser Erkrankung stand. Er bewertete den Forschungsstand wie folgt: „Die bis heute durchgeführten Forschungen haben ohne Zweifel bloß nachgewiesen, dass Säuren einen sich stark ändernden Bestandteil des Magensekrets besonders unter pathologischen Bedingungen bilden. Die Untersuchungen zur Anomalie der Säuresekretion haben uns bereits sehr wertvolle Daten für Diagnostik und Behandlung geliefert."[41] Eine der wichtigsten Aufgaben der Forscher bestand darin, Methoden für die zuverlässige qualitative bzw. quantitative Bestimmung der Salzsäure im Magensaft zu finden.

Der von Schtscherbakow gewählte Weg zur Feststellung des vorhandenen HCl im Magensaft führte zu folgendem Ablauf. Das Reagens wurde aus einem Gemisch von zwei Teilen Pyrogallussäure, einem Teil Vanillin und 30 Teilen des mit trockenem $CaSO_4$ dehydrierten Alkohols zubereitet. Das Reagens änderte sich unter Wirkung der organischen Säuren im Magensaft nicht. In der reinen Wasserlösung der Salzsäure löste das Pyrogallol-Vanillin die Reaktion bei einem winzigen HCl-Gehalt (0,03 bis 0,05 %) aus. Im Magensaft, der Karzinompatienten entnommen wurde, wies das Reagens in der Regel keine freie Salzsäure nach. Schtscherbakow stellte bestimmte Forderungen an die chemischen Reagenzien; sie mussten es ermöglichen, die Salzsäure im Magensaft zuverlässig festzustellen: „Bei der Einschätzung der relativen Wirkung von qualitativen Reagenzien auf die Magensaftsäuren sollten wir [...] von den notwendigen Eigenschaften einer guten Methode klinisch-chemischer Forschung ausgehen: nämlich Sensitivität, Kennzeichnungsgrad, Spezifität, Reliabilität und endlich leichte Anwendbarkeit am Krankenbett."[42]

Die Bestimmung der vorhandenen Salzsäure im Magensaft mit qualitativen Methoden war nicht die abschließende und auch nicht die allerwichtigste Aufgabe der Kliniker und Pathologen bzw. Experimentatoren. Alle zur Feststellung des HCl genutzten Reaktionen konnten, so Schtscherbakow, die Frage nach der Menge der Salzsäure, die sich normalerweise und bei verschiedenen Erkrankungen bildet, nicht beantworten. Die Diskussionen unter den Autoren, die die Bedeutung der Salzsäure für die Magenverdauung studierten, waren seiner Meinung nach auf eine ungenügende Aufmerksamkeit den quantitativen Methoden gegenüber zurückzuführen; viele Wissenschaftler erkannten deren Bedeutung schlicht nicht an. Schtscherbakow jedoch bemerkte, dass es bei sehr

---

[41]Schtscherbakow, A. I., *Über die Bedingungen der Entwicklung des runden Magengeschwürs (Ulcus ventriculi chronicum rotundum)*, S. 63.
[42]Schtscherbakow, A. I., *Über die Bedingungen der Entwicklung des runden Magengeschwürs (Ulcus ventriculi chronicum rotundum)*, S. 130.

vielen pathologischen Vorgängen nicht um das völlige Verschwinden des Magensaftes (und damit auch der Salzsäure) ging, sondern nur um quantitative Veränderungen. Das gesammelte Wissen zu diesen quantitativen Veränderungen, d. h. den Schwankungen der Konzentrationen, war äußerst wichtig für die Lösung der Schlüsselfrage nach einer normalen bzw. pathologischen Beschaffenheit der Magensekretion.

Der eventuelle Zusammenhang von Magenerkrankungen mit einer vermehrten Magensaftsekretion wurde bereits 1857 von Trousseau hervorgehoben. Die meisten Autoren neigten jedoch dazu, den erhöhten Salzsäuregehalt im Magensaft für eine zufällige Besonderheit zu halten und nicht als pathogenetischen Faktor zu betrachten. Die im Jahre 1882 veröffentlichten Beobachtungen des Arztes Reichmann aus Warschau waren von großer Bedeutung, um die Rolle der Salzsäure verstehen zu können; er beschrieb eine anfallsartiges Magenleiden, dem eine verstärkte Magensaftsekretion zugrunde lag. Der gleiche Autor wies 1884 in seinem Aufsatz „Über saure Dyspepsie" auf die Häufigkeit dieses Leidens hin, bei dem saures Aufstoßen, Sodbrennen und andere Symptome durch eine zu frühe und zu reichliche Magensaftproduktion verursacht wurden. Die Azidität im Intervall zwischen drei und fünf Stunden nach der Nahrungsaufnahme erreichte bei seinen Patienten Werte, welche die normalen Zahlen wesentlich übertrafen. Das medizinische Denken war damals aber noch nicht soweit, um die Bedeutung einer verstärkten Magensaftsekretion für die Pathogenese von Magenerkrankungen zu erfassen. Manche Ärzte empfahlen sogar, Salzsäure als Heilmittel sowohl gegen Magenkrebs als auch gegen Geschwüre anzuwenden. Andere Mediziner verschrieben verschiedene alkalische Substanzen zur Ulkustherapie. Schtscherbakow urteilte, dass „die Anpreisung von zwei absolut gegensätzlichen Mitteln bei dem wahrscheinlich gleichen Leiden wohl äußerst charakteristisch dafür war, dass es selbst in der jüngsten Vergangenheit noch keine genauen und klaren Befunde bei der Behandlung von Magenkrankheiten gab."[43]

1889 veröffentlichte Noorden die Versuchsergebnisse, bei denen ein Zusammenhang im Verhältnis zwischen der Magensaftazidität und dem neutralisierenden Effekt des Blutes festgestellt wurde. Dieses Resultat sah Schtscherbakow als wichtigen Fortschritt beim Studium der Ätiopathogenese der Ulkuskrankheit an. Aus allen denkbaren Blickwinkeln analysierte er die Arbeiten jener Autoren, die Forschungen in dieser Richtung vorgenommen hatten. Alle von Noorden und anderen Wissenschaftlern durchgeführten Untersuchungen hatten jedoch einen großen Nachteil: Während der Studien änderte sich der Gegenstand selbst, nämlich die alkalische Blutreaktion, sodass sich die ermittelten Ergebnisse nicht eindeutig interpretieren ließen. Alle Verfahren zur Messung der alkalischen Blutreaktion, „wenn man auch verschiedene kleine Mängel dabei beiseite

---

[43]Schtscherbakow, A. I., *Über die Bedingungen der Entwicklung des runden Magengeschwürs (Ulcus ventriculi chronicum rotundum)*, S. 237.

lassen würde [...], teilten eine wichtige Ungenauigkeit; sie zeigte sich eben darin, dass man überall mit dem Blut eines sterbenden Lebewesens, dessen Alkaligehalt sich schon während des Analysevorgangs verändern konnte, zurechtkommen musste."[44]

Die wichtigste Aufgabe, die sich Schtscherbakow stellte, bestand somit aus der Suche nach einem Verfahren, um die Variabilität des Objektes während des Untersuchungsprozesses zu minimieren. Eine der richtungsweisenden Erkenntnisse seiner Forschungen zur Ätiologie bzw. Pathogenese des runden Geschwürs war der Nachweis der Fähigkeit des Blutes, die Salzsäure des Magensaftes zu neutralisieren.

Keiner der Forscher, die vor Schtscherbakow gewirkt hatten, vermochte ein pathogenetisches Modell der Geschwürkrankheit zu entwerfen, das eine umfassende Wechselwirkung von Kardinalfaktoren berücksichtigte – Kardinalfaktoren, welche die Entstehung bzw. den Verlauf dieser Erkrankung bestimmten. Die ausführliche Übersicht und die Analyse der historischen Grundströmungen der Forschung im 19. Jahrhundert war für Schtscherbakow gleichzeitig Vorbereitung auf und Ausgangspunkt für die darauf folgende experimentelle Behandlung des Problems – und zwar auf der Basis eines umfassenden theoretischen Modells dieser Pathologie.

Zur Theorie über die Entstehung und Entwicklung des Magengeschwürs von A. I. Schtscherbakow

Wie soeben dargestellt, hatte kein Forscher vor Schtscherbakow eine ganzheitliche Theorie zu Ursache und Entwicklung des Geschwürs geschaffen, die allen der Wissenschaft bekannten Tatsachen Rechnung getragen und auf genau festgelegten und beim Experiment nachvollziehbaren Angaben beruht hätte. Cruveilhier, Rokitansky und Virchow hatten ihre Theorien auf der Grundlage der pathoanatomischen Befunde errichtet; sie hatten das Wesen der krankhaften Prozesse nach dem postmortalen Bild des ausgebildeten Geschwürs beurteilt. Deshalb trugen ihre Gedankengebäude einen stark hypothetischen Charakter hinsichtlich der Erklärung der Pathogenese und der Ätiologie dieser Erkrankung. Zudem erläuterten sie nur die Entstehung der lokalen Schädigung der Magenwand – was das Wesen des Geschwürs als spezifische nosologische Ausprägung nicht erkennen ließ. „In der Lehre über die Ätiologie des runden Magengeschwürs", formulierte Schtscherbakow, „ist es notwendig, beide Fragen, die nach der Entstehung des Strukturschadens sowie die nach der weiteren Entwicklung und dem progredienten Verlauf zu trennen. Die Theorien, die diesem Umstand keine Rechnung tragen, sind gar nicht in der Lage, Licht in den Bereich der Lehre vom runden Magengeschwür zu bringen."[45]

---

[44]Schtscherbakow, A. I., *Über die Bedingungen der Entwicklung des runden Magengeschwürs (Ulcus ventriculi chronicum rotundum)*, S. 365.
[45]Schtscherbakow, A. I., *Über die Bedingungen der Entwicklung des runden Magengeschwürs (Ulcus ventriculi chronicum rotundum)*, S. 458.

Virchows Gedanken, dass neben der Ulzeration an der Ätiologie und Pathogenese des Geschwürs auch andere Faktoren mitwirken, hatten den Charakter rein theoretischer Annahmen, die weder durch klinische Beobachtungen noch durch experimentelle Erkenntnisse bestätigt wurden. Die Untersuchungen des Magensafts und der Magensaftazidität bei unterschiedlichen Magenerkrankungen erschienen erst 20 bis 30 Jahre nach den Arbeiten Virchows, als die Untersuchung mittels der Magensonde in die diagnostische Praxis eingeführt wurde.

Das von Cohnheim entwickelte Modell war ein markanter Schritt vorwärts bei der Untersuchung der Ursachen des Magengeschwürs. Die Gefäßfaktoren, die zur Ulzeration führen und die die Forscher schon vor Cohnheim diskutiert hatten, wurden von ihm experimentell erzeugt und reproduziert. Zwar hat auch Cohnheim auf die Rolle der Magensaftazidität verwiesen, aber er hat diesen Faktor nicht experimentell untersucht und ihn nicht in die logische Struktur seines Modells eingeführt.[46]

Das war die erste Gruppe von Untersuchungen, deren Ergebnisse Schtscherbakow bei der Schaffung seines Konzeptes nutzte.

Das Hauptmoment der historischen Entwicklung betreffs der Forschungen zur Ätiopathogenese des Geschwürs stellte die Entdeckung einer erhöhten Magensaftazidität (Riegel, Hirsch, Jaworski u. a.) dar. Aber diese Entdeckung allein genügte ebenfalls nicht, um ein multifaktorielles Modell zu konstruieren.

Man benötigte eine Konzeption, welche Ursache und Entstehung des Geschwürs als einen ganzheitlichen Komplex unter Berücksichtigung aller bekannten Faktoren auffasst. Schtscherbakow stellte fest, dass „das Vorhandensein einer erhöhten Menge von Salzsäure im Magen […] schon allein genügt, um nicht nur die Störung der Unversehrtheit [der Schleimhaut] zu erzeugen, sondern auch, um diese Störung fortschreiten zu lassen und letztendlich [die Magenwand] zur Perforation zu bringen."[47]

Zur gleichen Zeit verstand er, dass auch dieser Faktor nicht die einzige Ursache für die Entstehung des Geschwürs sein kann. A.I. Schtscherbakow bemerkte zu Beginn seiner Arbeit an diesem komplexen Problem, dass Professor A.I. Voigt vorgeschlagen habe, „das Thema zu erweitern und in die Versuchsreihe einen anderen wichtigen Faktor einzuführen, der eine fortschreitende Ulzeration auslösen könne – nämlich die Schwächung der Gegenreaktion des Gewebes."[48] Aufgrund dieses Vorschlags und der bestehenden klinischen und experimentellen Daten entwickelte Schtscherbakow eine Forschungsstrategie, in deren Verlauf sich die Ausgangshypothese in eine gut aufgebaute und experimentell bestätigte Theorie verwandeln sollte. Das wesentliche Problem, das am Ende aller Untersuchungen gelöst werden sollte, formulierte er wie folgt: „Warum

---

[46]Cohnheim, J. F., *Untersuchungen ueber die embolischen Processe*. Berlin, 1872.

[47]Schtscherbakow, A. I., *Über die Bedingungen der Entwicklung des runden Magengeschwürs (Ulcus ventriculi chronicum rotundum)*, S. 335.

[48]Schtscherbakow, A. I., *Über die Bedingungen der Entwicklung des runden Magengeschwürs (Ulcus ventriculi chronicum rotundum)*, S. 4–5.

neigt – im Unterschied zu einfachen Störungen der Intaktheit des Magens mit einer schnellen Heilung – das Ulcus rotundum ventriculi zu einem fortschreitenden Verlauf, der gelegentlich sogar zu einer Perforation fuhrt?"[49]

Bei der Wahl des experimentellen Modells, mit dessen Hilfe man die Rolle und das Zusammenwirken aller zu diesem Zeitpunkt bekannten Faktoren untersuchen konnte, legte Schtscherbakow Cohnheims Untersuchungen zugrunde: „Cohnheims Versuche", so Schtscherbakow, „stellen einen Ausgangspunkt für die Weiterentwicklung der gegenwärtigen Lehre vom Ulcus ventriculi dar. Es ist Cohnheim gelungen, die Gefäßäste der Mucosa und Submuscosa völlig zu verschließen, indem er in eine der Arteriae gastricae breves eine Emulsion von chromsaurem Blei eingespritzt hat."[50]

Ein weiteres Verdienst dieses Wissenschaftlers sah Schtscherbakow darin, dass er „mit außerordentlicher Genauigkeit die Entstehung der Ulzeration und deren fortschreitenden Verlauf, welcher die kennzeichnende Besonderheit des Leidens darstellt, trennt. So sehr die erste Frage schon damals mehr oder weniger gelöst erschien, so sehr musste sich Cohnheim in Bezug auf die zweite Frage auf Vermutungen und Annahmen beschränken."[51]

Ausgehend von den ihm zur Verfügung stehenden praktischen Erkenntnissen und theoretischen Annahmen schuf Schtscherbakow ein experimentelles Modell. In dieses Modell integrierte er – in einer bestimmten Reihenfolge und in bestimmten Zeitabschnitten – sowohl die Faktoren, die die primäre Ulzeration der Schleimhaut hervorrufen, als auch jene, die zur Verwandlung dieser Ulzeration in ein echtes Ulcus ventriculi rotundum beitragen.

Um lokale Störungen der normalen Kontinuität der Magenwand zu erzeugen, nutzte Schtscherbakow Cohnheims Verfahren, das aus einer Verstopfung der kleinen Blutgefäße des Magens bestand, und zwar mithilfe einer eingespritzten Emulsion aus chromsaurem Blei. Schtscherbakow entwickelte seine eigene Methodik für die Emulsionsherstellung. Er nutzte ein Präparat, dessen Kristalle im Mikroskop eine moosartige Konfiguration zeigten und aus Nadeln mit einer Größe von 0,0045 bis 0,0060 mm bestanden. Das Einspritzen der Emulsion vollzog sich folgendermaßen: Nach Eröffnung des Abdomens und Darstellung des Magens wurde an der großen Magenkurvatur die Eintrittsstelle der kleineren Gefäßäste aufgesucht, die das Organ mit Blut versorgen. Eine dieser Adern wurde von den anderen aus einem Bündel von Venen und Nerven isoliert. Des Weiteren wurden in die abpräparierte Arterie 0,2 cm^3 5 %ige Emulsion eingeführt, die 0,02 g $PbCrO_4$ enthielt. Nach der Verabreichung wurde oberhalb der Aderkanüle eine

---

[49]Schtscherbakow, A. I., *Über die Bedingungen der Entwicklung des runden Magengeschwürs (Ulcus ventriculi chronicum rotundum)*, S. 5.
[50]Schtscherbakow A. I., *Über die Bedingungen der Entwicklung des runden Magengeschwürs (Ulcus ventriculi chronicum rotundum)*, S. 289.
[51]Schtscherbakow A. I., *Über die Bedingungen der Entwicklung des runden Magengeschwürs (Ulcus ventriculi chronicum rotundum)*, S. 290.

Ligatur angelegt. Bei der auf diese Weise erreichten Konzentration der Emulsion von chromsaurem Blei entstand eine klar ausgeprägte Störung der Kontinuität der Magenwand, die aber nicht zu einer Perforation führte.

Es zeigte sich, dass die innerhalb der ersten 24 Stunden entstandene Ulzeration alle typischen Merkmale eines frischen Magengeschwürs aufwies: schroff ausgeschnittene Ränder, stufenartiger Aufbau, unversehrter Boden und eine konusartige Form der Läsion bei vollständigem Fehlen einer Entzündungsreaktion im Umfeld. 72 Stunden nach dem Einspritzen von $PbCrO_4$ wurde im Magen des getöteten Hundes eine ziemlich starke lokale Gewebereaktion im Umkreis der Geschwürbildung festgestellt. Diese Reaktion bedeutete den Beginn der Verheilung des akuten Ulkus. Fünf Tage nach der Verabreichung der Emulsion wurde eindeutig der Beginn der Geschwürheilung und einer Verminderung des Entzündungsprozesses festgestellt. Zwei Wochen später war die Oberfläche des ursprünglichen Ulkus mit einer ziemlich glatten Narbe bedeckt. Wenn das Tier für zwei Wochen nach dem Zeitpunkt des Eingriffs am Leben geblieben war, so war in der Regel auch die Narbe am geheilten Geschwür fast mit Schleimhaut bedeckt. Die Schädigung der Magenwand bei gesunden Tieren verheilte vollständig und ausnahmslos nach einem Verlauf von drei Wochen. Die Ulzerationen, die unter der Einwirkung des eingespritzten $PbCrO_4$ entstanden waren, glichen jenen Veränderungen, die beim Magengeschwür des Menschen festgestellt werden; sie waren aber nicht damit identisch. Denn ein experimentelles Geschwür entwickelte sich nicht fortschreitend; es heilte sehr rasch, ohne Spuren zu hinterlassen. Diese Experimente zeigten klar, dass sich primäre Ulzerationen an und für sich ohne Intervention anderer pathogener Faktoren nicht in ein Ulcus ventriculi rotundum verwandeln.

Des Weiteren stellte sich die Aufgabe, den Einfluss von Magensaft mit einer erhöhten Azidität auf die Verheilung der durch eingespritztes $PbCrO_4$ erzeugten Läsion festzustellen. Diese Versuche wurden wie folgt durchgeführt: Gleichzeitig mit der Injektion von chromsaurem Blei in eine der Aa. gastricae breves (zwecks der Erzeugung eines Geschwürs) wurde der Magen in die Wunde der Bauchwand eingenäht, wie dies in ähnlicher Weise für die Anlage einer Fistel vorgenommen wird. Innerhalb der ersten Woche nach dem Einspritzen von $PbCrO_4$ wurde der Magen eröffnet und ein Fistelrohr eingesetzt, über das Salzsäure verabreicht wurde. Zu einem bestimmten Zeitpunkt nach der Injektion des chromsauren Bleis wurde das Ulkus untersucht und es wurde – ebenfalls zu definierten Zeitpunkten – dreimal pro Tag mithilfe des Fistelrohrs eine 4 %ige Salzsäurelösung in den Magen verabreicht. Das Infusionsverfahren gestaltete sich wie folgt: Am ersten Tag dreimal je 200 cm^3 HCl; am zweiten Tag 1000 cm^3 HCl. Am Morgen des dritten Tags traten beim Öffnen des Fistelrohrs etwa 200 cm^3 einer stark sauren Flüssigkeit aus, die Kaffeesatz ähnelte. Im Laufe des dritten, vierten und fünften Tages sowie der nachfolgenden Tage wurde die Zuführung von HCl wiederholt. Am neunten Tag starb der Hund. Bei der Autopsie zeigte sich, dass sich an der Magenwand nahe der Einspritzungsstelle ein Geschwür entwickelt hatte, von länglich-ellipsenartiger Form, abgestuft und mit unversehrtem Boden. An einer randständigen Stelle des Ulkus war ein Gerinnsel nachweisbar, welches das Gefäß großkalibrig verstopfte; daneben sah man die

Stelle der Ulkusperforation in die Bauchhöhle „in 10-Kopeken-Größe" (Durchmesser ca. 1,7 mm).

Wenn die Infusion der Säure in den Magen nicht sofort, sondern zwei Wochen nach der Injektion von $PbCrO_4$ vorgenommen wurde und solche Infusionen drei Wochen lang fortgesetzt wurden, stellte man bei der Öffnung des Organs folgenden Befund fest: Die Schleimhaut des Magens war nur den Folgen einer katarrhalischen Entzündung ausgesetzt, das Geschwür schien jedoch vollständig verheilt zu sein.

Der Vergleich der Ergebnisse beider Versuchsserien zeigte, dass die Erhöhung des Säuregehalts „zu der fortschreitenden Entwicklung und dem anhaltenden Verlauf der sich auf diese oder jene Weise herausbildenden Ulzeration beiträgt."[52]

Bei diesen Experimenten wurde eine Situation simuliert, die die Bedeutung des Zusammenwirkens von zwei Schlüsselaspekten der Pathogenese einer Ulkuskrankheit erkennen lässt: die primäre Ulzeration der Magenwand und die erhöhte Magensaftazidität. Auf diese Weise wurde die unmittelbare Ursache *(Causa proxima)* der Entwicklung eines *Ulcus ventriculi* festgestellt.

Bei der Zusammenfassung seiner Versuchsergebnisse kam Schtscherbakow zu einer allgemeinen Schlussfolgerung: „Die Entstehung des Geschwürs ist in den meisten Fällen mit der Störung der Blutversorgung in einem bestimmten Bereich der Magenwand verbunden. [...] Die Störung der Unversehrtheit der Magenwand bedeutet bei weitem noch kein Geschwür, sie verheilt [...] in Form einer glatten Narbe innerhalb sehr kurzer Zeit. Damit sich eine solche Verletzung zu einem Ulcus ventriculi entwickelt, ist die Einwirkung definierter Faktoren erforderlich; als solche sind auf Grund bestehender klinischer Erkenntnisse und einiger Versuche die Erhöhung der Magensaftazidität und die der Resistenzschwäche des Gewebes auszumachen."[53]

Kurz danach stand der Wissenschaftler vor einer noch komplizierteren Aufgabe: nämlich der Auswertung der klinischen Fälle der Ulkuskrankheit – ausgehend von der experimentellen, oben beschriebenen Konzeption.

Eine verminderte Resistenz der Magenwand wird im Experiment vom Wissenschaftler künstlich modelliert. Unter natürlichen Bedingungen, so Schtscherbakow, konnten anomale Bedingungen des Stoffwechsels zu ursächlichen Einflüssen werden: „Die Faktoren, die den fortschreitenden Prozess der Ulzeration beeinflussen können, [...] sind auch nach Klärung der Bedeutung von sekretorischen Anomalien bei weitem nicht hinreichend erfasst: Die Entwicklung des Magengeschwürs, sein chronischer Verlauf und Schwierigkeiten bei seiner Heilung können nicht nur durch sozusagen äußere Einwirkung, d. h. durch die ungewöhnlichen Reizung durch zu sauren Magensaft, bedingt sein, sondern auch durch anomale trophische Bedingungen der Organwand selbst; diese

---

[52] Schtscherbakow, A. I., *Über die Bedingungen der Entwicklung des runden Magengeschwürs (Ulcus ventriculi chronicum rotundum)*, S. 335.
[53] Schtscherbakow, A. I., *Über die Bedingungen der Entwicklung des runden Magengeschwürs (Ulcus ventriculi chronicum rotundum)*, S. 317.

führen zur Schwächung ihrer vitalen Funktionen, zur Verminderung der Resistenz gegen schädliche Einwirkungen. Die Möglichkeit der Entwicklung derartiger Ulzerationen entspricht der Pathologie im Bereich anderer Organe des menschlichen Körpers."[54]

Die Forschungen zu dieser Frage begannen erst gegen Ende der 1880er Jahre. Zu dieser Zeit lagen nur einzelne Beobachtungen und wenige experimentell gesicherte Erkenntnisse vor, die von einer engen Verbindung des Magengeschwürs mit allgemeinen Ernährungsstörungen des Organismus ausgingen. Dazu zählte Schtscherbakow Quincke-Daettwylers und Silbermans Versuche sowie den von mehreren Klinikern festgestellten Zusammenhang zwischen der Magenulkuskrankheit und der Chlorose sowie der Anämie.

Zur Lösung der Frage nach einem Zusammenhang zwischen einem Ulcus ventriculi und einer Störung der Gewebetrophik der Magenwand führte Schtscherbakow Experimente durch, welche die Bedeutung der Veränderungen der Blutversorgung für die Entstehung des Geschwürs ans Tageslicht brachten.

Die experimentelle Forschung auch zu dieser Frage gestaltete sich anspruchsvoll, denn es war äußerst schwierig, „die Gewebe eines unmittelbaren Manipulationen schwer zugänglichen Organs, wie es der Magen ist, den Bedingungen anomaler Ernährung auszusetzen, ohne dabei gleichzeitig die Unversehrtheit des Organismus gröblichst zu verletzen. Wir können auf bestimmte Bereiche des Nervensystems, die eine Rolle im Ernährungsprozess der Magenwand spielen, nicht unmittelbar einwirken, denn beim jetzigen Kenntnisstand über trophische Prozesse im Allgemeinen und über die Ernährung der Magenwand im Besonderen scheint ein solcher Weg höchst unsicher zu sein."[55]

Unter Berücksichtigung der komplizierten Zusammensetzung des Blutes erschien es notwendig, ein Element auszumachen, das bei der Untersuchung der Verbindung zwischen einem pathologischen Zustand des hämatologischen Systems und dem Entstehungsprozess eines Magengeschwürs hilfreich sein konnte. Viele Forscher waren der Meinung, dass diese Wechselbeziehung mithilfe der Untersuchung der im Blut enthaltenen basischen Stoffe, die als Neutralisatoren der Säuren des Magensafts wirkten, entschlüsselt werden kann. Schtscherbakows Forschungen zielten daher unmittelbar darauf ab, die Verbindung zwischen den Veränderungen der alkalischen Blutreaktion und der Entwicklung eines Magenulkus festzustellen. Dazu führte er ein Experiment durch: Zuerst wurde nach Cohnheims Verfahren eine akute Ulzeration der Magenwand erzeugt. Die Feststellung der alkalischen Blutreaktion erfolgte mithilfe des Titrierungsverfahrens, das von Zuntz, Lassar und anderen entwickelt worden war und vom Anwender leicht modifiziert wurde, um einige Mängel zu beseitigen. Schtscherbakow erkannte, dass bei den damals bekannten Untersuchungsmethoden keine Rede von der Festlegung absoluter Größen bei der alkalischen Blutreaktion sein konnte. Diese Größen waren immer

---

[54]Schtscherbakow, A. I., *Über die Bedingungen der Entwicklung des runden Magengeschwürs (Ulcus ventriculi chronicum rotundum)*, S. 342.

[55]Schtscherbakow, A. I., *Über die Bedingungen der Entwicklung des runden Magengeschwürs (Ulcus ventriculi chronicum rotundum)*, S. 335.

eine Funktion des bei der Analyse benutzten Indikators. Im Hinblick auf die Ziele des Schtscherbakow'schen Experiments waren die Verfahren von Bedeutung, welche die Grenzen der alkalischen Blutreaktion festlegten, die einer Konzentration von 164,4 bis 178,2 mg Na_2O pro 100 ml Blut entsprachen. Bei Verabreichung einer Säure verminderte sich die Alkaligehalt im Blut auf 109,1 mg.

Die Blutuntersuchung bei Patientinnen und Patienten mit verschiedenen Erkrankungen zeigte, dass die genannte Komponente innerhalb eines breiten Spektrums schwankt. Zum Beispiel ermittelten May und Tassinavi bei Diabetskranken einen Wert von 265 mg Na_2O je 100 cm^3 Blut (Norm: 400 mg/100 cm^3). Eine Verminderung der Alkalireaktion wurde bei Fällen von Infektionsnephritis, Sepsis und onkologischen Krankheiten festgestellt. Man konnte also schlussfolgern, dass bei verschiedenen Erkrankungen die alkalische Blutreaktion deutlichen Schwankungen unterliegt.

Aufgrund der Analyse bekannter Untersuchungsmethoden der alkalischen Substanzen im Blut kam Schtscherbakow zur Schlussfolgerung, dass alle diese Verfahren „eine ihnen wesenseigene und sehr relevante Ungenauigkeit in sich bergen; sie besteht gerade darin, dass man es überall mit einem sterbenden Blut zu tun haben muss, dessen Alkaligehalt sich schon während des eigentlichen Verlaufs der Analyse ändern kann."[56] Um verlässlichere und vergleichbare Ergebnisse zu erzielen, brachte er die Idee auf, ein mehr oder weniger „konstantes" Untersuchungsobjekt zu nutzen und dessen Veränderlichkeit während des eigentlichen Experiments so zu umgehen. Dies war seiner Meinung nach nur durch ein schnelles „Absterben" (ein Ausdruck von Schtscherbakow) des Blutes mithilfe einer Reaktion desselben mit einer konzentrierten Lösung von indifferentem Salz zu erreichen. Um die Richtigkeit eines solchen Vorgehens zu rechtfertigen, berief er ich auf die Praxis der Histologen, die die Natur eines lebenden Gewebes untersuchten, indem sie es in Osmiumsäure eintauchten; diese Säure tötete augenblicklich seine Bestandteile ab und fixierte sie verlässlich.

Unter Berücksichtigung aller in der Fachliteratur vorhandenen Kenntnisse und auf Basis des oben beschriebenen Prinzips eines schnellen „Blut-Absterben-Lassens" schuf Schtscherbakow seine eigene Methode zur Erkennung von basischen Substanzen im Blut; dabei kam eine Reaktion mithilfe von schwefelsaurem Magnesium ($MgSO_4$) zur Anwendung.

Die Vorteile seines Verfahrens sah er in der Konstanz des Untersuchungsobjektes im Verlauf der eigentlichen Untersuchung: Die Flüssigkeit, in der die Alkalimenge bestimmt wurde, beeinflusste die Farbe des Lackmuspapiers nicht; die Menge des untersuchten Bluts wurde genau festgelegt; die Flüssigkeit enthielt Eiweißstoffe und Blutfarbstoffe nur in Form von Spuren, die ihre Reaktion nicht veränderten. Es ist offensichtlich, dass die so erzielte Konstanz des Untersuchungsobjekts es möglich machte, Fehler zu vermeiden, die anderen Methoden notwendigerweise innewohnten. Unter Verwendung

---

[56]Schtscherbakow, A. I., *Über die Bedingungen der Entwicklung des runden Magengeschwürs (Ulcus ventriculi chronicum rotundum)*, S. 365.

dieses Verfahrens wurden Durchschnittsblutangaben bei einem gesunden Hund wie folgt ermittelt: 104,3 % Hämoglobin, 7.370.000 Erythrozyten, alkalische Serumreaktion 73,4 mg Na_2O.

Schtscherbakow untersuchte auch die Bedeutung einer künstlich erzeugten Anämie und einer Vergiftung der Tiere durch Pyrogallussäure und Anilin. Dabei wählte der Autor als Indiz die Veränderung der alkalischen Blutreaktion, deren neutralisierende Wirkung gegenüber dem HCl des Magensafts für ihn am offensichtlichsten war.

Das Ziel aller dieser Versuche war die Simulation sich langsam entwickelnder Anomalien des hämatopoetischen Systems, die einen ungünstigen Verlauf der Magengeschwüre beim Menschen hervorrufen. Eine Anämie bei Tieren mithilfe des Aderlasses zu verursachen, erwies sich praktisch als unmöglich. Deswegen verwendete Schtscherbakow Giftstoffe, deren Anwendung zu einer gleichmäßigen langsamen Zerstörung der Blutzellen führte. Die Folgen waren einer essenziellen Anämie zum Verwechseln ähnlich.

Bei den Versuchen wurde das Anilin einem Versuchshund subkutan als Gemisch mit der gleichen Menge reinen Mandelöls verabreicht. Die Dosis wurde für jeden Einzelfall passend ausgewählt und betrug 0,05 bis 0,1 mg Anilinöl je kg Körpergewicht. Eine solche Dosis beeinflusste fast nie den Allgemeinzustand der Tiere. Vor Beginn des Versuchs wurden das Körpergewicht des Hundes sowie die Hämoglobinmenge und die Erythrozytenzahl pro mm^3 Blut bestimmt.

Die Experimente wurden wie folgt durchgeführt: Nachdem das Gewicht des Tieres, die Hämoglobin- und Erythrozytenmenge und die alkalische Blutreaktion bestimmt worden waren, wurde das Anilin in der Menge 0,05 bis 0,1 mg je Kilogramm Körpergewichts eingespritzt. Die Injektion erfolgte in bestimmten Zeitabständen, oft nach jeweils einer Woche. Als die Ergebnisse, die bei der Blutuntersuchung gewonnen worden waren, zeigten, dass eindeutige Veränderungen in seiner Zusammensetzung eintraten, wurde die Blutalkaleszenz bestimmt und $PbCrO_4$ in eine der Arteriae gastricae breves eingespritzt. Zwei bis drei Wochen später wurden erneut das Gewicht des Tieres sowie die Hämoglobin- und Erythrozytenmenge bestimmt; danach begann man mit einer neuen Serie der Anilininjektionen. Zum Abschluss des Experiments wurden wiederum das Gewicht des Tieres sowie die Hämoglobin- und Erythrozytenwerte, auch der Alkaligehalt des Blutes sorgfältig bestimmt; dann ließ man das Tier sterben.

Schtscherbakows Versuchsfolge zeigte, dass bei der Anilinverabreichung die Abheilung des akuten experimentellen Geschwürs nicht erfolgte, was auf die unmittelbare Resistenzminderung des Magengewebes bei der Anilinvergiftung hinwies. Er folgerte, dass die „Anämie, die durch chronische Anilinvergiftung verursacht wurde, Bedingungen im Organismus des Tieres schafft, die zur Entwicklung des Geschwürs beitragen und zur gleichen Zeit die Heilung der einmal herausgebildeten Ulzeration stören."⁵⁷ Aber diese Versuche brachten keine eindeutige Antwort auf die Frage nach der Rolle, welche die Veränderungen der alkalischen Blutreaktion bei der Entwicklung des Geschwürs spielten.

Experimente unter Einsatz von Pyrogallussäure ließen auch erkennen, dass die Ulzeration der Magenwand bei den so vergifteten Hunden nicht innerhalb einer kurzen Frist verheilt. Sogar 30 (und mehr) Tage nach der Geschwürbildung verschwand die Läsion der Schleimhaut nicht. Aber die schwächende Wirkung von Pyrogallol auf die Resistenz der Magenwand gegen schädliche externe Agentien war weniger ausgeprägt als bei der Anilinvergiftung.

Aus allen durchgeführten Versuchen zog Schtscherbakow den Schluss, dass die verminderte Magenwandresistenz nicht allein auf die gestörte Neutralisationsfähigkeit des Blutes im Hinblick auf seine alkalisierenden Valenzen zurückgeführt werden kann. Unmittelbare Veränderungen, vor allem bei den Hämoglobin- und Erythrozytenkonzentrationen, waren sowohl bei der Anilin- als auch bei der Pyrogallolintoxikation zu verzeichnen.

Bei einer Verbindung von Aderlass und Pyrogallolvergiftung heilte bei den Versuchstieren die Magenschädigung langsam, d. h. die Resistenz der Magenwand war geringer. Dabei gingen die Schwankungen der alkalischen Blutreaktion nicht über die Grenzen von Beobachtungsfehlern hinaus. „Der Verminderung des Basengehalts des Blutes, die manchmal durch einen Aderlass hervorgerufen wird, kann man", so Schtscherbakow, „keine vorrangige Bedeutung dafür beimessen, dass die Heilung der Läsionen nur langsam voranschreitet."⁵⁸

Um die „finale Ursache" für die Geschwürbildung festzustellen, startete er eine andere Versuchsserie mit dem Ziel, den Einfluss der Störung der Blutzusammensetzung auf die Beschaffenheit und die Eigenschaften des Magensafts zu studieren.

Diese Versuche wurden in folgender Weise durchgeführt: In der ersten Phase wurde dem Tier eine Magenfistel angelegt. Nach diesem Eingriff wurde es längere Zeit bis zu dem Punkt beobachtet, an dem es ein konstantes Gewicht hielt. In der zweiten Phase wurden, wie bei den vorausgegangenen Versuchen, regelmäßig das Gewicht des Tieres, Hämoglobinwert, Erythrozytenzahl und pH-Wert des Blutes gemessen. Die Magensaftanalyse wurde in verschiedenen Stadien der Verdauung vorgenommen. Nachdem die Untersuchung des normalen Magensafts abgeschlossen war, wurde einer der Hunde mit Anilin vergiftet, der andere mit Pyrogallussäure; der dritte wurde wiederholt und ausgiebig zu Ader gelassen. Als die Blutzusammensetzung (es wurden die Erythrozytenzahl und der Hämoglobinwert bestimmt) stark verändert zu sein schien, wurde erneut der pH-Wert des Blutes registriert und anschließend eine neue Analysenserie des Magensafts in

---

⁵⁷Schtscherbakow, A. I., *Über die Bedingungen der Entwicklung des runden Magengeschwürs (Ulcus ventriculi chronicum rotundum)*, S. 403.
⁵⁸Schtscherbakow, A. I., *Über die Bedingungen der Entwicklung des runden Magengeschwürs (Ulcus ventriculi chronicum rotundum)*, S. 405.

denselben Zeitintervallen durchgeführt – unter strikter Einhaltung aller Bedingungen, unter denen die erste Versuchsreihe durchgeführt worden war. Das Ziel dieser Experimente bestand in der Untersuchung der Veränderungen des Gehalts von Salzsäure im Magensaft unter Einwirkung der gestörten Blutzusammensetzung. Die Ergebnisse der Versuche zeigten, dass bei einer ausgeprägten Anämie eine Erhöhung der Salzsäurekonzentration zu verzeichnen ist, ebenso eine wesentliche Verstärkung der Magensekretion. Schtscherbakow hatte genau dies erwartet, denn es war eine Vielzahl von klinischen Fällen bekannt, bei der eine verstärkte Magensekretion und ein hyperazider Zustand mit einer Anämie (Chlorose) einhergingen.

Die letzte Versuchsserie war von herausragender Bedeutung für die Aufklärung der Ätiologie der Ulkuskrankheit, denn hierbei ergab sich, dass es Faktoren gibt, die gleichzeitig beide zentralen Elemente innerhalb der kausalen Pathogenese der Erkrankung beeinflussen: die verminderte Resistenz des Magengewebes mit lokalen Wandschädigungen und der erhöhte Säuregehalt des Magensafts. „Die Veränderung der Blutzusammensetzung", notiert Schtscherbakow, „die eine anomale Ernährung des Gewebes resp. eine geschwächte Resistenz gegen seine schädlichen Sekrete bewirkt, kann tatsächlich oft mit einer erhöhten Magensaftazidität verbunden sein. Das Zusammenspiel dieser beiden Faktoren, von denen jeder den anderen bedingt, ist es, das die günstigsten Bedingungen für den fortschreitenden Verlauf der Ulzeration schafft, obwohl jeder von den genannten Faktoren allein kein absolutes ätiologisches Moment des Geschwürs darstellt."[59]

Von Interesse war für Schtscherbakow auch die Frage nach der Wirkung der in den Magen eingebrachten Salzsäure unter den Bedingungen einer Anämie.

Der Einfluss der Salzsäure auf die Magenwand bei einer Anämie wurde wie folgt untersucht: Dem Magen wurde durch ein Fistelrohr die verdünnte (4,5 %ige) und auf Körpertemperatur erwärmte Salzsäure zugeführt. Binnen einiger Tage nach dem Beginn der HCl-Verabreichung gingen die Hunde ein. Bei der Autopsie der Tiere ergab sich, dass bei der Anilinvergiftung und mehreren Aderlässen im Magen Veränderungen an der Wand zu beobachten sind, die für das perforierende Ulcus ventriculi rotundum kennzeichnend sind. Bei den Pyrogallolvergiftungen waren diese Veränderungen weniger deutlich ausgeprägt.

Schtscherbakow berücksichtigte alle Erkenntnisse seiner Zeit und die Ergebnisse seiner eigenen Versuche. Auf dieser Grundlage postulierte er als „im Hintergrund" wirksame „finale" Ursache der Entstehung und Entwicklung des Geschwürs Folgendes: „Das Zusammenwirken einiger Faktoren, die die Entwicklung einer Ulzeration in einem ätiologischen Moment, nämlich einem anämischen Zustand, fördern, scheint für die Lehre der Ursachen des Ulcus ventriculi rotundum besonders wichtig zu sein: Die Veränderung der Blutzusammensetzung, die eine anomale Gewebeernährung bedingt resp. die Fähig-

---

[59]Schtscherbakow, A. I., *Über die Bedingungen der Entwicklung des runden Magengeschwürs (Ulcus ventriculi chronicum rotundum)*, S. 459.

keit des Gewebes, den schädlichen Einflüssen entgegenzuwirken, kann oft mit einem wichtigen Faktor verbunden sein, der die Ulzeration fördert, und dies ist die verstärkte Magensaftsekretion; die Kombination von beiden, sich gegenseitig unterstützenden Faktoren schafft besonders günstige Bedingungen für eine Geschwürentwicklung, die dazu neigt, mehr oder weniger schnell fortzuschreiten und unseren therapeutischen Maßnahmen in keiner Weise nachzugeben."[60]

Daraus kann man folgern, dass Schtscherbakow auf experimentellem Weg nachwies, dass primäre nicht spezifische Ulzerationen der Magenschleimhaut und das Ulcus ventriculi nicht identisch sind und dass die Schädigung der Kontinuität der Magenwand nur einer der Faktoren ist, der unter bestimmten Bedingungen zur Entstehung und fortschreitenden Entwicklung der Ulkuskrankheit führen kann. Der zweite wichtige Faktor der Pathogenese des Geschwürs ist die erhöhte Magensaftazidität. Im Zusammenspiel dieser Faktoren zu einem bestimmten Zeitpunkt und in einer bestimmten Reihenfolge liegt das Wesen der Pathogenese des Geschwürs oder, wie Schtscherbakow festhält, die *„causa proxima ulceris ventriculi rotundi"*.

Die ultimative Ursache der Geschwürbildung sah er in der Veränderung der Trophik des Magengewebes und der daraus resultierenden geschwächten Geweberesistenz. Die Zirkulation in bestimmten Bereichen wurde gestört, es entstand die Ulzeration, und die Magensaftazidität erhöhte sich. Die Koinzidenz von diesen zwei Momenten führte zur Entwicklung des runden Geschwürs, das den Klinikern als spezifische nosologische Einheit bekannt ist.

Mit Rücksicht auf alles Dargelegte können wir mit vollem Recht behaupten, dass die wissenschaftlich begründete ganzheitliche Theorie der Ätiologie und der Pathogenese der Ulkuskrankheit zum ersten Mal in der Geschichte der internationalen Wissenschaft von Alexej Iwanowitsch Schtscherbakow formuliert worden ist.

Schtscherbakows Werke wurden von seinen Zeitgenossen gewürdigt; dies kann man von seinen Nachfahren nicht behaupten. Bereits zu Beginn des 20. Jahrhunderts wurden die Ergebnisse seines fundamentalen Werks von seinen Landsleuten nicht mehr wahrgenommen. Autoren außerhalb Russlands kamen erst deutlich später zu ähnlichen Schlussfolgerungen. Der gern zitierte Ausruf von K. Schwarz, „Ohne Säure kein Geschwür", erscholl in den 1920er Jahren. Heutzutage steht A. Shay hoch im Ansehen; er hat die Idee von der Disparität der aggressiven Faktoren aus der Umwelt und der Schutzfaktoren der Schleimhaut im Jahre 1959 (!!!) geäußert. In Russland, so S. S. Judin, schätzten die Chirurgen die Bedeutung des Säurefaktors, weil sie zusammen mit den Kranken einen Weg bitterer Fehler und Enttäuschungen zurückgelegt hatten.

Es muss leider festgestellt werden, dass die „krankhafte Vergesslichkeit" bezüglich der Leistungen der russischen Wissenschaftler im Falle von Schtscherbakow eine lange Geschichte und eine nachhaltige Tendenz hat. Wir möchten dazu nur einige Beispiele

---

[60]Schtscherbakow, A. I., *Über die Bedingungen der Entwicklung des runden Magengeschwürs (Ulcus ventriculi chronicum rotundum)*, S. 430–434.

anführen. 1909 hielt auf dem 19. Kongress der Russischen Chirurgen, auf dem zum ersten Mal die Forderung nach dem auf der Pathogenese basierenden Vorgehen bei der chirurgischen Behandlung des Magengeschwürs erhoben wurde, der damals bekannte Chirurg K. M. Ssapeshko einen Vortrag mit dem Titel *„Chirurgische Behandlung eines komplikationsfreien runden Magengeschwürs"*. Er berichtete über seine Versuche an Kaninchen und Hunden, bei denen er die Pathogenese des Magengeschwürs simulierte, ohne sich auf die Arbeiten von Schtscherbakow zu beziehen. In der Diskussion zum Beitrag von Ssapeshko sagte I. K. Sspisharny: „Was die Pathogenese des runden Geschwürs betrifft, so muss ich sagen, dass Versuche, die mit den Versuchen von Prof. Ssapeshko identisch sind, vor 20 Jahren von Dr. Schtscherbakow im Labor von Prof. Focht durchgeführt wurden. Schon damals ist er zur Schlussfolgerung gekommen, dass den größten Einfluss auf die Entstehung des Magengeschwürs die Veränderungen der Gefäße haben." Der Opponent der Doktorarbeit von Schtscherbakow, Prof. W. D. Scherwinski, betonte, dass dessen Modell eine der charakteristischen Eigenschaften des Geschwürs erklärt, nämlich seinen chronischen Verlauf: „Die Chronizität des Verlaufs – darin besteht das Wesen. Auch dies wurde teilweise experimentell geklärt; Prof. Schtscherbakow wies daraufhin, dass hier die Anämie eine Rolle spielt."

Und noch ein markantes Beispiel, das veranschaulicht, wie verbreitet das Unwissen über die Geschichte der einheimischen Wissenschaft war: Auf dem 19. Chirurgenkongress stellte O. W. Nikolajew fest: „Indem wir uns der entscheidenden klinischen Schlussfolgerungen enthalten und im Rahmen eines reinen Experiments bleiben, möchten wir die These von George Galperin aus Chicago […] hervorheben, die besagt, dass man an das Problem der Pathogenese des Geschwürs von zwei Seiten herangehen kann – erstens, durch die Untersuchung der Ursachen für die Entstehung der Erosion und, zweitens, durch die Untersuchung der Entstehungsbedingungen eines chronischen Geschwürs aus der Erosion."

Auf der 1933 in Moskau abgehaltenen Konferenz über die Probleme der Ulkuskrankheit wurden der Ätiologie und Pathogenese dieser Erkrankung mehrere Berichte gewidmet. Bekannte Wissenschaftler ergriffen das Wort: R. A. Lurija, W. T. Talalajew, F. M. Plotkin u.a.m. Aber in keinem Bericht gab es eine Bezugnahme auf die Studien von Schtscherbakow, obwohl die Ergebnisse mehrerer Untersuchungen, die auf dieser Tagung erörtert wurden, in puncto Qualität die Arbeiten von Schtscherbakow nicht erreichten.

Leider ist die Geschichte der russischen Wissenschaft reich an Phänomenen einer solchen „Vergesslichkeit". Den Historikern der russischen Wissenschaft steht es noch bevor zu verstehen, was die Kliniker und ihre Patienten dieser Verlust an Kontinuität gekostet hat. In diesem Sinne stellt die Geschichte der Behandlung der Ulkuskrankheit keine Ausnahme dar.

Schtscherbakow fasste die Ergebnisse seiner Versuche zusammen und kam zu folgendem allgemeinen Resümee: „Die Entstehung des Geschwürs ist in den meisten Fällen mit der Störung der Blutversorgung in einem bestimmtem Bereich der Magenwand verbunden […]. Die Störung der Unversehrtheit der Magenwand stellt noch kein

Geschwür dar, sie verheilt […] als glatte Narbe innerhalb einer sehr kurzen Frist. Damit sich eine Läsion zu einem Ulcus ventriculi entwickeln kann, ist die Wirkung bekannter Faktoren erforderlich; als solche kann man auf der Grundlage klinischer Beobachtungen und einiger Versuche die Erhöhung der Magensaftazidität und die Resistenzschwäche des Gewebes erkennen."[61]

Schtscherbakow stellt die Pathogenese des Geschwürs im Allgemeinen wie folgt dar: Der hyperazide Mageninhalt wirkt aggressiv auf die Schleimhaut ein; deren Schutzmechanismen sind als Ergebnis eines Komplexes von lokalen (Störung der Blutversorgung) und allgemeinen (Reizeinfluss des Zentralnervensystems) Faktoren geschwächt. Der ulzeröse Defekt, der sich infolge der Störung der Trophik der Magenwand herausbildet, schreitet unter dem Einfluss der erhöhten Magensaftazidität chronisch fort; infolgedessen entsteht die chronische Ulzeration, die durch eine Reihe von klinischen Symptomen in Erscheinung tritt – die eigentliche Ulkuskrankheit. Unter anderem schreibt Schtscherbakow: „Von den Formen der erhöhten periodischen Sekretion sind strikt die Fälle zu trennen, bei denen die funktionelle Störung erst bei einer gewissen Reizung des Magens (durch gewöhnliche oder ungewöhnliche auslösende Reize) und bei denen die erhöhte Magensaftabsonderung ohne jeglichen äußeren Anlass (unter dem Einfluss innerer Reize, die bei Erkrankungen des Nervensystems auf zentrale Bereiche des Nervenapparates wirken, der mit den sekretorischen Magenorganen verbunden ist) eintritt."[62]

Unseres Erachtens können wir mit Überzeugung festhalten, dass eine vollständige Theorie der Ätiologie und Pathogenese der Ulkuskrankheit zum ersten Mal von einem russischen Wissenschaftler formuliert worden ist.

---

[61]Schtscherbakow A. I., *Über die Bedingungen der Entwicklung des runden Magengeschwürs (Ulcus ventriculi chronicum rotundum)*, S. 317.

[62]Schtscherbakow A. I., *Über die Bedingungen der Entwicklung des runden Magengeschwürs (Ulcus ventriculi chronicum rotundum)*, S. 317.

Open Access Dieses Kapitel wird unter der Creative Commons Namensnennung 4.0 International Lizenz (http://creativecommons.org/licenses/by/4.0/deed.de) veröffentlicht, welche die Nutzung, Vervielfältigung, Bearbeitung, Verbreitung und Wiedergabe in jeglichem Medium und Format erlaubt, sofern Sie den/die ursprünglichen Autor(en) und die Quelle ordnungsgemäß nennen, einen Link zur Creative Commons Lizenz beifügen und angeben, ob Änderungen vorgenommen wurden.

Die in diesem Kapitel enthaltenen Bilder und sonstiges Drittmaterial unterliegen ebenfalls der genannten Creative Commons Lizenz, sofern sich aus der Abbildungslegende nichts anderes ergibt. Sofern das betreffende Material nicht unter der genannten Creative Commons Lizenz steht und die betreffende Handlung nicht nach gesetzlichen Vorschriften erlaubt ist, ist für die oben aufgeführten Weiterverwendungen des Materials die Einwilligung des jeweiligen Rechteinhabers einzuholen.

Anstatt einer Zusammenfassung

Heutzutage wird die Physiologie der Verdauung von ganzen Instituten erforscht, und die Erkenntnisse, über die wir gegenwärtig verfügen, beschreiben recht genau alle Stadien der Digestion. Sie führen zu praktischen Ratschlägen, wie wir uns richtig ernähren können. Dennoch war noch vor etwa 120 Jahren das Wissen der Menschen von dieser Tätigkeit des menschlichen Organismus recht dürftig. Die Physiologie der Verdauung machte in den letzten 120 Jahren einen großen Sprung und legte eine größere Strecke zurück als in allen vorangegangenen Jahrhunderten zuvor. Diesen gigantischen Schritt der Wissenschaft aus der Vergangenheit in die Zukunft verdanken wir in erster Linie bedeutenden russischen Forschern – W. A. Bassow, W. F. Dagajew, I. P. Pawlow, A. I. Schtscherbakow – und einer großen Zahl weiterer russischer Wissenschaftler von Rang.

Auf seine Weise konnte der Mensch in mehr als 150 Jahren eine mehr oder weniger vollständige und genaue Vorstellung vom Funktionieren seines Verdauungssystems entwickeln. Gleichwohl erfordern die Präzisierung und Erweiterung der Erkenntnisse über einige Organe des Verdauungssystems und damit zusammenhängenden Vorgängen (zum Beispiel die Sekretion des Magensaftes) die Anstrengungen neuer Forschergenerationen auf der ganzen Welt. Es wird gewiss nie die Zeit kommen, in der es keine Geheimnisse im Leben des Menschen mehr geben wird – Geheimnisse, die das Interesse und die Neugier der Wissenschaftler erwecken. Aber wir möchten der Hoffnung Ausdruck geben, dass die riesigen Verdienste der russischen Physiologen und ihre Erkenntnisse von der Tätigkeit des menschlichen Verdauungssystems nicht in Vergessenheit geraten werden.

Schriftenverzeichnis

Abrikosow AL (1935) Rundes Magengeschwür und Krebs. Magen- und Zwölffingerdarmgeschwür. Moskau, S 45–50 (in Russ.)

Aleksinski IP (1913) Über Operationen bei einem Magenkrebs. Die XIII. Zusammenkunft der russischen Chirurgen. Moskau, S 56 (in Russ.)

Anthologie der Geschichte der russischen Chirurgie, in 3 Bändern. Bd 1, Moskau, Westj, 2002, S 544 (in Russ.)

Anthologie der Geschichte der russischen Chirurgie, in 3 Bändern. Bd 2, Moskau, Westj, 2002, S 222 (in Russ.)

Anthologie der Geschichte der russischen Chirurgie, in 3 Bändern. Bd 3, Moskau, Westj, 2006, S 848 (in Russ.)

Babkin BP (1915) Die äussere Sekretion der Verdauungsdrüsen. Pjatigorsk (in Russ.)

Babkin BP (1960) Die sekretorischen Funktionen der Verdauungsdrüsen. Leningrad (in Russ.)

Bakulew AN (1954) Klinischer Grundriss der operativen Chirurgie. Moskau, S 465 (in Russ.)

Balalykin AS (1996) Endoskopische Abdominal Chirurgie. Moskau, S 157 (in Russ.)

Balalykin DA (2006) Das Werden der Magen Chirurgie als eine selbständige wissenschaftliche und klinische Richtung in den 80–90ger des 19. Jahrhunderts. Chirurgie 1:66–68 (in Russ.)

Balalykin DA (2005) Der Beitrag von I. P. Pawlow in die Entwicklung der Physiologie der Verdauung. Russisches Journal der Gastroenterologie, Hepatologie und Koloproktologie 15(1):4–10 (in Russ.)

Balalykin DA (2005) Die Geschichte der Entwicklung der Magenchirurgie in Russland im 19. und 20. Jahrhundert. Moskau (in Russ.)

Balalykin DA (2007) Die Werke von A. I. Schtscherbakow – der russische Vorrang bei den Forschungen der Ätiologie und Pathogenese der Magen- und Zwölffingerdarmgeschwüre. Teil 1. Die Forschungsgeschichte des Magengeschwürs im 19. Jahrhundert vor A. I. Schtscherbakow und seine theoretisch-methodologischen Gedanken. Informationsblatt der Chirurgischen Gastroenterologie 2:83–92 (in Russ.)

Balalykin DA (2007) Die Werke von A. I. Schtscherbakow – der russische Vorrang bei den Forschungen der Ätiologie und Pathogenese der Magen- und Zwölffingerdarmgeschwüre. Teil 2. Von den physiologischen zu den klinisch-experimentellen Untersuchungsmethoden der Magensekretion. Die Magensekretion und ihre Rolle in der Pathogenese des Magengeschwürs und des Magenkrebs. Der Beitrag von A. I. Schtscherbakow. Informationsblatt der Chirurgischen Gastroenterologie 4 (in Russ.)

Balalykin DA (2007) Die Werke von I. P. Pawlow und deren Rolle bei dem Werden der chirurgischen Gastroenterologie. Informationsblatt der Chirurgischen Gastroenterologie 1:87–92 (in Russ.)

Balalykin DA (2005) I. P. Pawlow als Gründer der experimentellen Magenchirurgie (Anlässlich der Hundertjahrfeier der Verleihung des Nobel-Preises für I. P. Pawlow). Chirurgie 3:70–72 (in Russ.)

Balalykin DA (2007) I. P. Pawlow. Die Lebensabschnitte. Informationsblatt der Chirurgischen Gastroenterologie 1:85–86 (in Russ.)

Balalykin DA (2006) Integration of experiment and clinical medicine in creative work of I. P. Pavlov. Abstracts of 40 International Congress on the History of Medicine, Budapest (Hungary), August (in Eng.)

Balalykin DA (2007) Klinische Praxis und naturwissenschaftliches Experiment in der Physiologie des XIX. Jahrhunderts. Sammlung von Thesen von der Russischen wissenschaftspraktischen Konferenz unter internationaler Beteiligung „Die Pankreaserbrinkungen", Sotschi, Krasnodarski Krai, vom 7–10. November 2007. Informationsblatt der Chirurgischen Gastroenterologie 3:112 (in Russ.)

Balalykin DA (2013) Prioritäten der russischen Wissenschaft im Bereich der Physiologieforschung und der experimentellen Magenchirurgie im 19. Und frühen 20. Jh., 2. Aufl. Moskau, S 224 (in Russ.)

Balalykin DA, Schingarow GCh (1999) Das Problem eines gegenseitigen Verhaltens der naturwissenschaftlichen Bedeutung und klinischen Praxis in den Werken von I. P. Pawlow. Die Werke der Republikzentrums für funktionelle chirurgische Gastroenterologie Ministerium für Gesundheitswesen der Russischen Föderation. Krasnodar (in Russ.)

Balalykin DA, Schingarow GCh (1999) Der Beitrag von I. P. Pawlow in die Entstehung und Entwicklung der Vagotomie. Krasnodar (in Russ.)

Balalykin DA, Schingarow GCh (1997) Der Grundsatz einer stufenweisen Regulierung der Verdauungsfunktion in den Werken von I. P. Pawlow. Die Materialien zu der XVI (I). Russischen Wissenschaftskonferenz zum Thema „Physiologie und Pathologie der Verdauung". Krasnodar, S 6–9 (in Russ.)

Balalykin DA (2006) The role of I. P. Pavlov in initiation and development of vagotomy operations. Abstracts of 40 International Congress on the History of Medicine, Budapest (Hungary), August (in Eng.)

Barcroft J (1937) Die Grundlinien der Architektur der physiologischen Funktionen. Übersetzung aus dem Englischen. Biomedgiz, Moskau-Leningrad (in Russ.)

Bassow WA. Bemerkungen über den künstlichen Weg zum Magen der Tiere. Anthologie der Geschichte der russischen Chirurgie 2:17–26 (in Russ.)

Bassow WA (1848) Zur Bedeutung der Chirurgie im Kreise der Heilwissenschaften. Sankt Petersburg (in Russ.)

Bassow WA (1841) Zur Steinkrankheit der Harnblase im allgemeinen und insbesondere zur Steinentfernung durch den Dammschnitt (in Russ.)

Beaumont W (1834) Experiments and observations on the gastric juice and the physiology of digestion. Edinburgh (in Eng.)

Below WA (1968) Klinische Diagnostik der Nerven- und Geisteskrankheiten bei den Patienten mit einem Postgastrektomie-Syndrom. Chirurgische Behandlung des Magen- und Zwölffingerdarmgeschwürs. Moskau, S 99–107 (in Russ.)

Beresow EL (1957) Erweiterte und kombinierte Magenresektionen bei Krebskranken. Moskau, S 207 (in Russ.)

Bussalow AA, Komorowski JT (1966) Pathologische Syndrome nach einer Magenresektion. Moskau, S 237 (in Russ.)

Bussalow AA (1958) Physiologische Begründung mancher chirurgischen Fragen. Moskau (in Russ.)

Bykow KM, Kurzin IT (1950) Kortikoviszerale Theorie der Geschwürserkrankung. Moskau (in Russ.)

Cohnheim JF (1881) Allgemeine Pathologie: in 2 Bd, Übersetzung von W. Ssigrisst. Sankt Petersburg (in Russ.)

Cohnheim JF (1872) Untersuchungen über die embolischen Processe. Berlin

Cruveilhier J (1829–1835) Anatomie pathologique du corps humain, Bd 1. Paris, Livr. 10 (in Fr.)

Dagajew WF. Zur Lehre vom Verdauungschemismus nach der Teilresektion und der kompletten Entfernung des Magens: Medizinische Doktorarbeit. Anthologie der Geschichte der russischen Chirurgie, Bd 2 (in Russ.)

Decartes R (1950) Eine Blütenlese. Moskau (in Russ.)

Dobrotworski WI (1909) Hinsichtlich der Gastroenterostomie: Medizinische Doktorarbeit. Sankt Petersburg (in Russ.)

Dubrowski DI (1971) Psychische Phänomene und das Gehirn. Nauka, Moskau, S 385 (in Russ.)

Ebstein W (1874) Experimentelle Untersuchungen über das Zustandekommen von Blutextravasaten in der Magenschleimhaut. Arch Exper Pathol Pharm

Eustrach DG (1939) Biochemische Veränderungen nach einer Magenresektion. Astrachan, S 144 (in Russ.)

Fidler L (1883) Zur Lehre über Magenoperationen: Medizinische Doktorarbeit. Sankt Petersburg (in Russ.)

Filippowa LJ (1949) Erfahrung der Behandlung eines Magen-und Zwölffingerdarmgeschwürs durch eine Resektion der Lungen-Magennerven und kritische Abschätzung dieses Verfahrens: Medizinische Doktorarbeit. Moskau (in Russ.)

Frumin SD, Kowalewski JO (1947) Sekretorische Funktion der Magendrüsen des Menschen im Fall unverletzter und durchtrennter Lungen-Magennerven. Informationsblatt Für experim Biologie und Medizin XXIII(1–3):11 (in Russ.)

Galpern JO (1923) Spätergebnisse bei einem Magengeschwür. Die Werke zur XV. Zusammenkunft der russischen Chirurgen. Pjatigorsk, S 84–86 (in Russ.)

Gent WCh, Lux RB, Kanzelenbogen S (1935) Bedingte Antwort ohne Beteiligung des zentralen Nervensystems: bedingte Hyperglykämie. Der XV. internationale Kongress der Physiologen. Die Thesen, Moskau-Leningrad (in Russ.)

Graschtschenkow NI, Slotnik EI (1950) Die Lehre von I. P. Pawlow und deren Rolle für die Chirurgie. Chirurgie 10:18–27 (in Russ.)

Gubergriz MM (1928) Pathogenese des runden Magengeschwürs. Magengeschwür. Charkow, S 1–38. (in Russ.)

Hegel GWF (1937) Werke, Bd V. Moskau (in Russ.)

Jaroschewski MG (1971) Psychologie im 20. Jahrhundert. Moskau, S 368 (in Russ.)

Jaworski W (1887) Beobachtungen über das Schwinden der Salzsäurereaction und den Verlauf der catarrhalischen Magenerkrankungen. Münch Med Wochenschr

Jaworski W (1883) Magenaspirator, zugleich continuirlicher Magen-Irrigationsapparat in Verbindung mit der Sonde „à double courant". Deut Arch Klin Med

Jaworski W (1886) Ueber den Zusammenhang zwischen subjectiven Magensymptomen und den objectiven Befunden bei Magenfunctionsstörungen. Wiener Med, Wochenschr

Jermolow AS (1975) Vagotomie bei der Chirurgie der Geschwürerkrankung: Das Autoreferat zur medizinischer Doktorarbeit. Moskau (in Russ.)

Judin SS (1955) Abhandlungen zur Magenchirurgie. Moskau (in Russ.)

Key A (1870) Om det korrosia magsarets uppkomst. Hygiea (ref. Virch.-Hirsch. Jahresb. 1870; 2:155)

Klebs E (1871) Anleitung für die pathologische Anatomie, übers. unter Redakt. von Prof. Rudnew. Sankt Petersburg (d. Ausg. 1869) (in Russ.)

Komarow FI, Radbill OS (1987) Einzelne neue Angaben über die Pathogenese, Klinik und Heilung der Geschwürerkrankung. Wissenschaftliche Rundschau (in Russ.)

Kurbatow IJa (1879) Über den künstlichen Weg zum Magen: Medizinische Doktorarbeit. Moskau (in Russ.)

Kusin MI (1980) Chirurgie der Geschwürerkrankung. Ausgewählte Vorlesungen. Moskau, S 20–31 (in Russ.)

Lebert H (1876) Beitrage zur Geschichte und Aetiologie des Magengeschwürs. Berlin, Klin Wochensch

Lebert H (1858) Bericht über die klinisch-medizinische Abtheilung des Züricher Krankenhauses in den Jahren 1855 und 1856. Virchow's Archiv

Lesin WW (1895) Vier Gastrostomiefälle nach dem Verfahren von Sabaneew

Letulle M (1888) Origine infectieuse de certains ulcères simples de l'estomac ou duodenum. Comp, Rend (in Fr.)

London JS (1916) Physiologie und Pathologie der Verdauung, 30 Vorlesungen. Pjatigorsk, S 168 (in Russ.)

Lurgija RA (1935) Die Entwicklung der Lehre über das Magengeschwür. Magen- und Zwölffingerdarmgeschwür. Moskau, S 19–26 (in Russ.)

Manuschkin ON, Swerkow IW (1990) Einige moderne Vorstellungen über die Aggression bei einer Geschwürerkrankung. Klinische Medizin 8:36–41 (in Russ.)

Martynow AW (1923) Ulcus ventriculi. Die Werke zur XV. Zusammenkunft der russischen Chirurgen. Pjatigorsk, S 49–50 (in Russ.)

Menizki DN, Trubatschjew WW (1974) Information und Problem der höheren Nerventätigkeit. Medizina, Leningrad, S 231 (in Russ.)

Merkel G (1866) Kasuistischer Beitrag zur Entstehung des runden Magen- und Duodenalgeschwüres. Wien Med Presse 30–31

Merkel G (1866) Über einen Fall von chronischem Magengeschwür. Wien Med Presse 42–43

Morekowez L (1903) Die Geschichte und Verhältnis der Medizinkenntnisse. Moskau, S 392 (in Russ.)

Oppel WA (1923) Geschichte der russischen Chirurgie. Kritischer Abriss. Wologda, S 409 (in Russ.)

Panum PL. Experimentelle Beiträge zur Lehre von der Embolie. Virchow's Archiv

Panum PL (1871) Pepsin und Magenfistelanlegung. Jahrsber. D. Thierchemie (ref. Nordisk. Medicinsk Arkiv 1871. Bd 3. H. 2. Nr. 9)

Panzyrew JM, Grinberg AA (1979) Vagotomie bei den komplizierten Duodenalgeschwüren. Moskau, S 112 (in Russ.)

Pawlow IP (1951) Absonderungsnerv der Magendrüsen beim Hunde (gemeinsam mit E. O. Schumowa- Simanowskaja). Gesammelte Werke, Bd II, Buch 1, Moskau-Leningrad (in Russ.)

Pawlow IP (1898) Die Arbeit der Verdauungsdrüsen. Vorlesungen. Verlag von J. F. Bergmann, Wiesbaden

Pawlow IP (1951) Äußere Funktion der Verdauungsdrüsen und deren Mechanismus. Gesammelte Werke, Bd II, Buch 2. Moskau-Leningrad, S 417–533 (in Russ.)

Pawlow IP. Experimentelle Therapie als neues und fruchtbarstes Verfahren der physiologischen Untersuchungen. Anthologie der Geschichte der russischen Chirurgie 1:452–466 (in Russ.)

Pawlow IP (1951) Innervation der Magendrüsen beim Hunde (gemeinsam mit E. O. Schumowa-Simanowskaja). Gesammelte Werke, Bd II, Buch 1. Moskau-Leningrad, S 175–199 (in Russ.)

Pawlow IP. Materialien zur Innervation des Blutgefäßsystems. Gesammelte Werke, Bd I, S 69–71 (in Russ.)

Pawlow IP (1952) Die Vorlesungen in der Physiologie. Gesammelte Werke, Bd V. Moskau-Leningrad (in Russ.)

Pawlow IP. Die Arbeit der Verdauungsdrüsen. Vorlesungen. Anthologie der Geschichte der russischen Chirurgie 1:73–280 (in Russ.)

Pawlow IP (1951) Pathologisch-therapeutische Experimente über die Magensekretion beim Hunde. Gesammelte Werke, Bd II, Buch 2.Moskau-Leningrad, S 219–225 (in Russ.)

Pawlow IP. Eine Rede beim Meinungsaustausch zum Vortrag von P. E. Katschkowski „Über das Überleben von Hunden nach der gleichzeitigen Durchtrennung der Nn. vagi am Hals". Anthologie der Geschichte der russischen Chirurgie 1:448–451 (in Russ.)

Pawlow IP. Moderne Integration in einem Experiment der grundlegenden Medizinseiten am Beispiel der Verdauung. Anthologie der Geschichte der russischen Chirurgie 1:498–536 (in Russ.)

Pawlow IP (1951) Zwanzig Jahre objektiven Studiums der Aktivität der höchsten Nerven bei Tieren. Kapitel IV. Naturwissenschaftliche Erforschung der sogenannten geistlichen Tätigkeit der Darmtiere. Gesammelte Werke, Bd III, Buch 1. Moskau-Leningrad, S 64–81 (in Russ.)

Pawlow IP (1951) Der Vagus als Regulator des Blutdrucks. Gesammelte Werke, Bd I. Moskau-Leningrad, S 308–365 (in Russ.)

Pawlow IP. Die physiologische Chirurgie des Verdauungskanales. Anthologie der Geschichte der russischen Chirurgie 1:319–368 (in Russ.)

Pawlow IP (1951) Gesammelte Werke, Bd 5. Moskau-Leningrad (in Russ.)

Pawlow IP (1902) The work of the digestive glands, translated by W. H. Thomson, London (in Eng.)

Pawlow IP. Über das Überleben der Hunde nach der Exzision der Durchschneidung der Vagusnerven. Anthologie der Geschichte der russischen Chirurgie 1:434–447 (in Russ.)

Pawlow IP (1951) Über die Gefäßzentren im Rückenmark. Gesammelte Werke, Bd I. Moskau-Leningrad, S 35–63 (in Russ.)

Pawlow IP. Über die Todesfälle der Tiere infolge der Lungen-Magennervenresektion. Anthologie der Geschichte der russischen Chirurgie 1:428–433 (in Russ.)

Pawlow IP (1951) Vivisektion. Gesammelte Werke, Bd VI. Moskau-Leningrad, S 9–27 (in Russ.)

Pawlow IP (1951) Über chirurgische Methoden der Untersuchung der Sekretionsphänomene des Magens. Gesammelte Werke, Bd II, Buch 1. Moskau-Leningrad, S 275–281 (in Russ.)

Pawlow IP. Zur Lehre über die Innervation der Blutbahn (Vorbericht). Gesammelte Werke, Bd I, S 64–68 (in Russ.)

Pawlow IP (1951) Rede anlässlich der Wahl des Vorsitzenden der Gesellschaft russischer Ärzte in St. Petersburg als Stipendiat. Gesammelte Werke, Bd VI. Moskau-Leningrad, S 28–29 (in Russ.)

Pawlow IP (2002) Über die gemeinsame Beziehung zwischen der Physiologie und Medizin in Fragen der Verdauung. Teil 1. Anthologie der Geschichte der russischen Chirurgie 1:468–486 (in Russ.)

Pawlow IP (2002) Über die gemeinsame Beziehung zwischen der Physiologie und Medizin in Fragen der Verdauung. Teil 2. Anthologie der Geschichte der russischen Chirurgie 1:487–497 (in Russ.)

Popow AW, Balalykin DA, Wasiljko SB (2006) Die Abschätzung von I. P. Pawlow und R. Heidenhein des psychischen Faktors bei der Magensaftabsonderung einer Magenfistel und einer pathologisch-physiologischen Bedeutung der Operation. In Materialien zu der vorstehenden wissenschaftspraktischen Konferenz der Onkologen und Allgemeinärzte. Aktuelle Fragen in der theoretischen, experimentellen und klinischen Onkologie, Orenburg, S 138–139 (in Russ.)

Recklinghausen F (1864) Auserlesene pathologisch-anatomische Beobachtungen (embolische Heerde des Magens). Virchow's Archiv

Reichmann N (1884) Über saure Dyspepsie

Rindfleisch E (1875) Lehrbuch der pathologischen Gewebelehr, 4. Aufl. Leipzig

Rokitansky C (1855–1861) Lehrbuch der pathologischen Anatomie, 3. Aufl. Wien, S 170 ff. (1. Aufl. 1842)

Romm GD (1895) Vier Operationen der Magenfistelanlegung nach Sobanejews Verfahren. Der russische chirurgische Archivbestand, S 528–531 (in Russ.)

Scherwinski WD (1910) Die Rede hinsichtlich des Vortrags von K. M. Ssapeschko. Die Werke der IX. Zusammenkunft der russischen Chirurgen. Moskau, S 43 (in Russ.)

Schiff M (1867) Leçons sur la physiologie de la digestion. Florence et Turins. Paris, Berlin (In Fr.)

Schingarow GCh, Balalykin DA (1997) Grundsatz der phasenhaften Regelung der Funktionen des Verdauungssystems im Schaffen von I. P. Pawlow. Materialien der XVI (I) Russischen Fachtagung „Physiologie und Pathologie der Verdauung". Krasnodar, Gelendschik, S 6–9 (in Russ.)

Schingarow GCh, Balalykin DA (1999) Pawlower Grundsätze der Verdauungsphysiologie und -pathologie (Anlässlich der Hundertjahrfeier der Nobel-Vorlesungen „Die Arbeit der Verdauungsdrüsen. Vorlesungen"). Kubaner medizinisch-wissenschaftlicher Informationsblatt 1–3:72–76 (in Russ.)

Schingarow GCh, Balalykin DA (1999) Zur Prioritätsfrage in der Erkennung der Pyloroplastik in Russland. Kubaner medizinisch-wissenschaftlicher Informationsblatt 1 (in Russ.)

Schingarow GCh (1978) Bedingter Reflex und Problem des Zeichens und der Bedeutung. Nauka, Moskau, S 199 (in Russ.)

Schingarow GCh (1974) Die Abbildtheorie und bedingter Reflex. Nauka, Moskau, S 319 (in Russ.)

Schingarow GCh (1985) Wissenschaftliches Schaffen von I. P. Pawlow. Probleme der Theorie und Erkenntnismethode. Moskau, S 224 (in Russ.)

Schtscherbakow AI (1902) Grundriss über die Salzseen in Lyssyje Gory (in Russ.)

Schtscherbakow AI (1919) Grundriss über den Mineralschlamm im Süden Russlands (in Russ.)

Schtscherbakow AI (1919) Schlammgegenden im Europäischen Russland (in Russ.)

Schtscherbakow AI (1896) Über die Aufgaben des klinischen Unterrichts der medizinischen Wissenschaft (in Russ.)

Schtscherbakow AI (1891) Über die Bedingungen der Entwicklung des runden Magengeschwürs (Ulcus ventriculi chronicum rotundum). Moskau (in Russ.)

Schtscherbakow AI (1900) Über einige Methoden der Untersuchung des Blutwechsels (in Russ.)

Schtscherbakow AI (1888) Über das runde Magengeschwür. Russkaja Tipografija, Moskau (in Russ.)

Schtscherbakow AI (1890) Zur Frage nach der Herkunft der freien Salzsäure im Magensaft. Moskau (in Russ.)

Seljeny GP (1912) Die Materialien zur Physiologie der Magendrüsen. Der Archivbestand der biologische Wissenschaften 17:435–442 (in Russ.)

Seljeny GP, Ssawitsch WW (1911) Über die Physiologie des Magenpförtners. Die Werke des Verbands der russischen Ärzte. Sankt Petersburg, Bd 78, S 221–233 (in Russ.)

Seljeny GP, Ssawitsch WW (1911–1912) Über den Mechanismus der Magensekretion. Die Werke des Verbands der russischen Ärzte in Sankt Petersburg, Bd 79 (in Russ.)

Sljutnik BI (1950) Sekretorische und morphologische Veränderungen im Magen nach einer Vagotomie und partiellen Denervation. Chirurgie 5:20–29 (in Russ.)

Ssapeshko KM (1910) Chirurgische Behandlung eines komplikationsfreien runden Magengeschwürs. Die Werke der IX. Zusammenkunft der russischen Chirurgen, Moskau (in Russ.)

Ssapeshko KM (1901) Zur Magenchirurgie. Das Magengeschwür und seine Komplikationen. Magenfistelanlegung bei einer Geschwür- und Krebsverengerung des Magenpförtners: Medizinische Doktorarbeit. Sankt Petersburg (in Russ.)

Ssobanejew IF (1893) Über die Magenfistelanlegung bei der Verengerung des Ösophagus. Chirurgisches Informationsblatt, S 690–700 (in Russ.)

Sspisharny IK (1910) Eine Rede beim Meinungsaustausch über die Berichte der Tagesordnung während der 9. Zusammenkunft der russischen Chirurgen 1909. Die Werke der IX. Zusammenkunft der russischen Chirurgen, Moskau, S 42 (in Russ.)

Sspisharny IK (1910) Über die Behandlung eines komplizierten runden Geschwürs. Die Werke der IX. Zusammenkunft der russischen Chirurgen, Moskau, S 40–41 (in Russ.)

Subkow AA, Silow GN (1937) Über die Bedeutung des bedingt-refiektorischen Adaptierungsmechanismus bei der Entstehung der Überempfindlichkeitsreaktionen. Informationsblatt experim. Biologie IV(4):301–303 (in Russ.)

Tschernoussow AF, Bogopolski PM, Kurbatow FS (1996) Chirurgie der Magen- und Zwölffingerdarmgeschwüre. Moskau (in Russ.)

Tschetkow AM (1902) Ein Jahr und sieben Monate Leben eines Hundes nach einer gleichzeitigen Exzision beider Lungen-Magennerven am Hals. Sankt Petersburg (in Russ.)

Virchow R (1853) Historischen, Kritisches und Positives zur Lehre der Unterleibsaffectionen. Virchow's Archiv

Vollbort GW (1939) Die Rolle des Pylorus an einer normalen Magentätigkeit und an der Pathologieentwicklung. Die Werke der XXIV. Zusammenkunft der Chirurgen der Sowjetunion. Moskau-Leningrad, S 361–364 (in Russ.)

Vulpian A (1875) Leçons sur l'appareil vasomoteur. Paris (In Fr.)

Wanzjan EN, Tschernoussow AF, Korpak AM (1982) Geschwür im kardialen Magenabschnitt. Moskau, S 144 (in Russ.)

Wassilenko WCh, Grebnew AL, Scheptulin AA (1987) Die Geschwürerkrankung. Moskau, S 285 (in Russ.)

Wassilko SB, Balalykin DA, Popow AW (2006) Der Grundsatz der Selbstregulierung der Funktionen bei I. P. Pawlow als das erste in der Physiologie komplizierte Model der Direktverbindungen und Rückmeldungen im Organismus. Die Materialien zu der vorstehenden wissenschaftspraktischen Konferenz der Onkologen und Allgemeinärzte. Aktuelle Fragen in der theoretischen, experimentellen und klinischen Onkologie. Orenburg, S 140–142 (in Russ.)

Wischnewski AW (1935) Über die Pathogenese des Magengeschwürs. Magen- und Zwölffingerdarmgeschwür. Moskau, S 29–36 (in Russ.)

Wosnessenski WP (1912) Hinsichtlich des runden Zwölffingerdarmgeschwürs. Die XII. Zusammenkunft der russischen Chirurgen. Moskau, S 117–119 (in Russ.)

Stichwortverzeichnis

A
Aderlass, 99
Amylodextrin, 56
Anämie, 100
Anilininjektion, 98
Antiseptik, 11, 23, 48
Appetit, 21, 32
Appetitsaft, 32
Aseptik, 11, 23, 48

B
Bassow, W.A., VIII, 1, 22, 45, 84
Beaumont, W., 2, 45, 84
Bernard, C., 29, 84
Billroth, T., 9, 14
Billroth-I-Verfahren, 56
Billroth-II-Verfahren, 54
Blutdruckregulation, 29
Blutreaktion, alkalische, 97
Boas, I., 86
Botkin, S.P., 44
Brotverdauung, 58

C
Chirurgie, 3
    Geschichte, 3
    physiologische, 20, 23
Cohnheim, J.F., 78, 92, 93
Cruveilhier, J., 73, 91

D
Dagajew, W.F., 51, 67
Denker, wissenschaftlicher, 18
Descartes, R., 5, 43
Dünndarmfistel, künstliche, 54

E
Eiweißverdauung, 57
Ewald, C.A., 86
Experiment, 20, 47, 70

F
Fenger-Methode, 11
Fettverdauung, 35, 57
Fidler, L., 4, 9
Fleischverdauung, 59
Fütterungsakt, 32

G
Gastroduodenostomie, 58
Gastroskopie, 87
Gastrostoma, 83
Gastrostomie, 4, 6, 8, 24
    Kachexie, 11
    Operationsindikation, 10
    palliativ, 10
    Sterblichkeit, 9
    Verfahren, 11
Geschwürerkrankung, 72, 79

H
Hegel, G.W.F., 21
Heidenhain, R., 24, 28
Hypersecretio acida, 87

K
Klinik, 45
Kopplungsverbindungen, 30
Kreil, K., 37
Kurbatow. I.Ja., 4

L
Leube, W.O., 85, 88
Lippenfistel, 11
Ludwig, C., 29, 38

M
Magen, kleiner, 26, 33
Magenchirurgie, V
    experimentelle, 6, 17, 67
    Geschichte, V
    klinische, 7
    operativer Ansatz, VII
    physiologischer Ansatz, VII
Magen-Darm-Anastomose, VII
Magendrüsen, 33
Magendrüsenfunktion, 31
Magenerkrankungen, VI
    Semiotik, VI
Magenfistel-Experiment, 5
Magenfistel, künstliche, 1, 24, 39, 54, 84, 99
    Anlage, 12
Magenfunktionen, 71, 85
Magengeschwür, VI, 65
    Pathogenese, 103
    rundes, 73, 101
    Theorie zu Ursache und Entwicklung, 91
Magengewebe, 80
    Autolyse, 80
Magenkarzinom, VI, 85
Magenresektion, VI, 3, 14, 53
Magensaft, 7, 22, 81, 83
    psychische Sekretion, 32
Magenschleimhaut, 78
Magensekretion, 86
Magensonde, 85

Mechanismus, 17
Medizin, 44, 46, 69
    klinische Methode, 46
    und Physiologie, 45
Milchsäure, 86

N
Nahrungsarten, 53
Nahrungsentleerung, 54
Nervensystem, 18
Nervus vagus, 30, 37

O
Ösophagotomie, 25

P
Pankreas, 34
Pankreasfistel, künstliche, 24
Pankreassaft, 25
Panum, P.L., 77
Pavy, F., 80
Pawlow, I.P., VIII, 1, 4, 7, 17, 52, 74, 86
    Methodenlehre, 20
    Nobelpreis, 17
Pepsin, 33
Pharmakologie, 48
Philosophie der experimentellen Medizin, 5
Philosophie der Ganzheit, 17
Physiologie
    analytische, 19
    der Verdauung, 18
    synthetische, 19, 21
    und Medizin, 45
Prout, W., 83
Pylorus, 62
Pylorusresektion, 53
Pyrogallussäureinjektion, 99

R
Réaumur, R.A., 2, 81
Reflexe, 29, 43, 55
    gegensteuernde, 29
    steuernde, 30, 43
Reflexlehre, 18, 43
    Ergebnisbegriff, 43

Funktionsbegriff, 43
Reichmann, N., 90
Riegel, F., 80
Rokitansky, C., 73, 91
Rückkopplungsverbindungen, 30

S

Sabaneew, I.F., 11
Salzsäure, 83, 89
Scheinfütterung, 7, 21, 23, 25, 32, 38
Schiff, M., 4, 38, 74, 84
Schtscherbakow, A.I., VIII, 66
Sedillot, S., 4, 6, 8
Sekretin, 34
Selbstregulation, 30
Spallanzani, L., 2, 81
Speichel, 31
Speicheldrüsenfunktion, 31
Ssapeshko, K.M., 102

T

Tierversuche, 3, 6, 24, 53, 74, 79, 82, 94
Tracheotomie, 1

U

Ulcus ventriculi rotundum, 93
Ulkusbildung, 72, 75
Ulkuskrankheit, 70
    Ätiologie, 70

Pathogenese, 70
Ulkuspathogenese, 80
    Modell, 80
Universalgelehrte, 3

V

Vagotomie, 37, 74
Velden, R., 85
Verdauung, 21
    chemische Phase, 33
    phasenhafte Abfolge, 28
    psychische Phase, 33
    psychisches Moment, 26
Verdauungsdrüsen, 53
Verdauungsorgane, 28
    Selbstregulation, 28
Verdauungsphasen, 86
Verdauungsphysiologie, 18
Verdauungsprozess, 54
Verdauungssystem, physiologisches, VIII
Virchow, R., 66, 74, 91
Vivisektion, 1, 22

Z

Zucker, 55
Zündsaft, 32
Zwölffingerdarm, 34, 54
Zwölffingerdarmgeschwür, 65

MIX
Papier aus verantwortungsvollen Quellen
Paper from responsible sources
FSC® C105338

If you have any concerns about our products,
you can contact us on
ProductSafety@springernature.com

In case Publisher is established outside the EU,
the EU authorized representative is:
**Springer Nature Customer Service Center GmbH
Europaplatz 3, 69115 Heidelberg, Germany**

Printed by Libri Plureos GmbH
in Hamburg, Germany